浙江省中等职业教育示范校建设课程改革创新教材

数控车削操作与实训

冯东升　主　编
张剑飞　周　庆　俞云洲　副主编
李美华　应国忠　王天飞　参　编

科学出版社
北　京

内 容 简 介

本书分为7个项目26个任务，以FANUC系统为基础，以满足数控车削中级工要求为目标，将数控车削基础知识与零件车削实训有机结合，内容实用。

本书包括数控车床的基本知识、加工轴类零件、加工槽、加工零件内轮廓面等内容，由浅入深，循序渐进，按任务目标、任务描述、任务分析、任务实施的顺序展开任务，便于使用者熟练掌握数控车削的基本知识及FANUC系统的数控车削操作与编程。

本书可作为中等职业学校数控车削实训教学用书，也可作为数控类岗位准入培训用书，还可作为相关专业技术人员的自学用书。

图书在版编目(CIP)数据

数控车削操作与实训/冯东升主编. —北京：科学出版社，2019.1
（浙江省中等职业教育示范校建设课程改革创新教材）
ISBN 978-7-03-060331-9

Ⅰ. ①数… Ⅱ. ①冯… Ⅲ. ①数控机床-车床-车削-中等专业学校-教材 Ⅳ.①TG519.1

中国版本图书馆CIP数据核字（2019）第001847号

责任编辑：韩 东 王会明 / 责任校对：王万红
责任印制：吕春珉 / 封面设计：东方人华平面设计部

科学出版社 出版
北京东黄城根北街16号
邮政编码：100717
http://www.sciencep.com

三河市骏杰印刷有限公司印刷
科学出版社发行 各地新华书店经销
*
2019年1月第 一 版 开本：787×1092 1/16
2019年1月第一次印刷 印张：8 1/4
字数：180 000

定价：23.00元
（如有印装质量问题，我社负责调换〈骏杰〉）
销售部电话 010-62136230 编辑部电话 010-62135397-8018

浙江省中等职业教育示范校建设课程改革
创新教材丛书编写委员会

丛　书　序

中等职业教育的目的是为社会培养生产、建设、管理和服务的应用型人才，教学是中等职业学校的工作核心，而教材是教学活动的基础和载体，教材的引进、开发又关系着中等职业学校学生知识、技能、个性和能力的养成。因此，中等职业学校开发建设具有一定地域特色、注重理实结合、重视人文素养、兼具学校特色的教材，尤为重要。

学校对这一工作非常重视，每年都在不断探索教材开发，尤其是随着新课改的不断推进，随着我校省改革发展示范校的创建工作的开展，自 2015 年 10 月开始，学校在进行充分的调研和分析之后，组织编写了这套教材。

为了保证教材的编写质量，学校成立了以校长、副校长为首的领导小组，负责教材开发和实施的领导工作；成立了编写委员会和编写小组，制订出详细的教材编写方案，并做好需求分析和资源分析、参考教材的选定及教材的编写工作；聘请专家指导教材编写和审核修改。

这套教材分为文化课、专业课及民间传统工艺选修课三个板块，包括《民间吉祥动物剪纸》《仙居针刺无骨花灯设计与制作》《中职生实习指导》《数控车削操作与实训》《汽车空调系统常见维修项目检测》等 21 本教材，其中既有丰富的人文知识、详细的工艺介绍，也有浅显易懂的学科拓展，以及理论和实际结合的专业实训，践行了“以学生为本，以能力为本，以活动为本”的中职教材编写原则。

这套教材共有 60 名教师参与编写，为确保教材的编写质量，学校在专家指导的基础上，三年间共进行了四次修改和审核。

我们希望通过这套教材的使用，构建新的人才培养模式、课堂学习方式和教学管理模式及评价体系，真正为学生的全面发展和个性发展服务，培养和造就一支素质优良、富有研究和创新精神的教师队伍。

当然，这套教材难免存在一些不足之处，我们希望得到广大教育界专家和同行的支持与鼓励，也希望今后参与课程教学实施、推广普及的广大教师、学生对教材中的疏漏和不足之处提出宝贵的意见和建议。

在具体教学实践中，我们也会不断完善和修改，并在今后的课程开发中进一步拓宽思路，积极、主动、稳妥地加大改革力度，实现课程开发的制度化、实施的网络化。

2017 年 10 月 10 日

丛书序

前　言

制造业是我国具有国际竞争优势的行业之一。我国已成为世界制造大国。随着数控技术的发展，社会急需大量数控机床操作的技能型人才。国务院、教育部、人力资源与社会保障部等部门明确提出：要大力发展职业教育，大力培养技能型制造业实用人才。所以，如何提高机械类专业在职业教育中的受重视程度和教学效果，便成了许多职业院校亟待解决的问题。针对此种情况，并结合我校数控专业的整体情况，编者编写了本书。

传统教育模式将重心放在理论教学中，很难保证企业的岗位需求与职业教育高度协调。我国通过多年来对德式职业教育的学习、融合、拓展，逐渐摸索出一套适应我国国情的教育创新思路。本书在此思路的基础上，以具体任务为理论知识的主要载体，注重实践操作与理论教学的协调，让学生可以在实际操作中系统化地学习理论知识。

本书注重对中等职业学校学生学习能力和综合能力的培养，内容由浅入深，首先介绍数控车削加工的基础知识，然后分层次讲解轴类零件车削、槽类零件车削、零件内轮廓面车削、成形面零件车削、螺纹类零件车削，最后给出综合加工任务，帮助学生全方位地提高实践操作能力。

本书由冯东升担任主编，并统稿定稿；张剑飞、周庆、俞云洲担任副主编，李美华、应国忠、王天飞参与编写。具体编写分工如下：项目一由周庆、李美华编写，项目二由张剑飞编写，项目三由俞云洲编写，项目四、项目五和项目七由冯东升、应国忠、王天飞编写，项目六由周庆编写。

由于编者能力有限，书中难免存在疏漏之处，敬请广大读者朋友批评指正！

目　　录

项目一

认识与操作数控车床

学习目标

（1）了解数控车床的种类及操作注意事项。
（2）能够进行车床回零点、系统上电、系统断电操作。
（3）能够正确使用数控车床操作面板。
（4）能够进行数控程序的手工输入与编辑及校验。
（5）能够进行数控车削刀具的对刀操作。

任务一　了解数控车床

任务目标

1）了解数控的基本概念。
2）了解数控车床的种类及特点。

任务描述

本任务介绍数控车床的基本知识，以便学生建立起对数控车削加工这门课程的基本认识。

任务分析

数控车床是目前使用较为广泛的数控机床之一。与普通车床相比，数控车床具有加工精度高、加工灵活、通用性强、生产效率高、质量稳定等优点，特别适合加工多品种、小批量、形状复杂的零件。它主要用于轴类零件或盘类零件的内外圆柱面、任意锥角的内外圆锥面、复杂回转内外曲面和圆柱、圆锥螺纹等的切削加工，并能进行切槽、钻孔、扩孔、铰孔及镗孔等操作。

任务实施

一、认识数控的基本概念

（1）数控

数控是数字控制（numerical control，NC）的简称，它是一种借助数字、字符或其他符号对某一工作过程进行可编程控制的自动化控制技术。

（2）数控车床

数控车床（computer numerical control，CNC）是采用数字化信号对机床的运动及加工过程进行控制的车床。数控车床是目前国内外使用量大、覆盖面广的数控机床之一。

二、认识数控车床的分类

数控车床品种繁多，规格不一，可按如下方式进行分类。

（1）按车床主轴位置分类

1）卧式数控车床：主轴采用手动控制、机电一体化设计、结构合理、操作方便，用于车削加工零件的内外圆、端面、切槽、任意锥面、球面等工序，适合大批量生产。

2）立式数控车床：其机床主轴垂直于水平面工作台，主要用于加工径向尺寸大、轴向尺寸相对较小的大型复杂零件。

（2）按刀架形式分类

1）立式刀架数控车床：刀架回转中心与水平面垂直，通常有 4 工位刀架和 6 工位刀架。

2）卧式刀架数控车床：刀架回转中心与水平面平行，通常有 4 工位刀架、6 工位刀架、8 工位刀架和 12 工位刀架。

（3）按功能分类

1）经济型数控车床：功能简单、针对性强，适用于精度要求不高、有一定复杂性的回转类零件加工。

2）普通数控车床：根据车削加工要求在结构上进行专门设计，配备通用的数控系统面板形成的数控车床，数控系统功能强，自动化程度和加工精度比较高，适用于一般回转类零件加工。

3）数控车削中心：在普通数控车床的基础上增加了 C 轴和铣削动力头，更高级的数控车床带有刀库，可控制 X、Z 和 C 三个坐标轴联动。由于增加了 C 轴和铣削动力头，因此这种数控车床的加工功能大大增强，除了可以进行一般车削外，还可以进行径向和轴向铣削、曲面铣削、中心线不在零件回转中心的孔和径向孔的钻削等加工。

三、了解数控车床的组成

数控车床一般由输入/输出（I/O）设备、CNC 装置、伺服单元、驱动装置、可编程控制器及电气控制装置、辅助装置、机床本体及测量反馈装置组成。

任务二　了解数控车床操作的注意事项

任务目标▶

了解操作数控车床时的注意事项。

任务描述▶

本任务学习数控车床操作的注意事项，了解数控车床操作的基本要点。

任务分析▶

数控车床的操作首先要注意人身安全，必须严格遵守数控车床安全操作规程；同时，在使用数控车床时应注意机床的安全和工件的安全。

任务实施▶

一、了解安全操作的基本注意事项

1）工作时应穿好工作服、安全鞋，戴好工作帽及防护镜，不允许戴手套操作车床。

2）不要移动或损坏安装在车床上的警告标牌。

3）不要在车床周围放置障碍物，工作空间应足够大。

4）某一项工作如需要两人或多人共同完成，则应注意相互间的协调一致。

5）不允许采用压缩空气清洗机床、电气柜及 NC 单元。

二、了解工作前的准备工作

1）车床开始工作前要先预热，认真检查润滑系统是否正常工作。若车床长时间未启动，则可先采用手动方式对各部分进行润滑。

2）使用的刀具应与车床允许的规格相符，有严重破损的刀具要及时更换。

3）调整刀具时所用的工具不要遗留在车床内。

4）检查大尺寸轴类零件的中心孔是否合适。若中心孔太小，则工作中易发生危险。

5）刀具安装好后应进行一次或二次试切削。

6）检查卡盘夹紧时的工作状态。

7）车床开动前，必须关好车床防护门。

三、了解工作过程中的安全注意事项

1）禁止用手接触刀尖和铁屑，铁屑必须用铁钩或毛刷来清理。

2）禁止用手或其他任何方式接触正在旋转的主轴、工件或其他运动部位。

3）禁止加工过程中测量工件、变速，不能用棉丝擦拭工件，更不能清扫车床。

4）车床运转时，操作者不得离开岗位，发现车床存在异常现象时，应立即停车。

5）在加工过程中，不允许打开车床防护门。

6）严格遵守岗位责任制度，车床由专人使用，他人使用时必须经车床操作人员同意。

7）严禁在卡盘上、顶尖间敲打、校直和修正工件，确认工件和刀具夹紧后方可进行下一步工作。

8）操作者更换刀具、工件，调整工件或离开车床时必须停机。

9）工件伸出车床 100mm 以外时，必须在伸出位置设防护物。

四、了解工作完成后的注意事项

1）清除切屑、擦拭车床，使车床与环境保持清洁状态。

2）注意检查或更换已损坏的车床导轨上的油擦板。

3）检查润滑油、切削液的状态，及时添加或更换。

4）依次关掉车床操作面板上的电源和总电源。

5）实训完毕后应清扫车床，保持清洁，将尾座和拖板移至床尾位置，并切断车床电源。

任务三　认识和使用数控车床操作面板

任务目标

1）认识 FANUC Series 0i Mate-TD 系统数控车床。

2）认识数控车床操作面板的结构。

3）了解数控车床操作面板各功能键的含义及功能。

4）会操作数控车床操作面板。

任务描述

本任务介绍数控车床操作面板上各个按键的名称及功能。图 1-1 所示是 FANUC Series 0i Mate-TD 系统的操作面板。

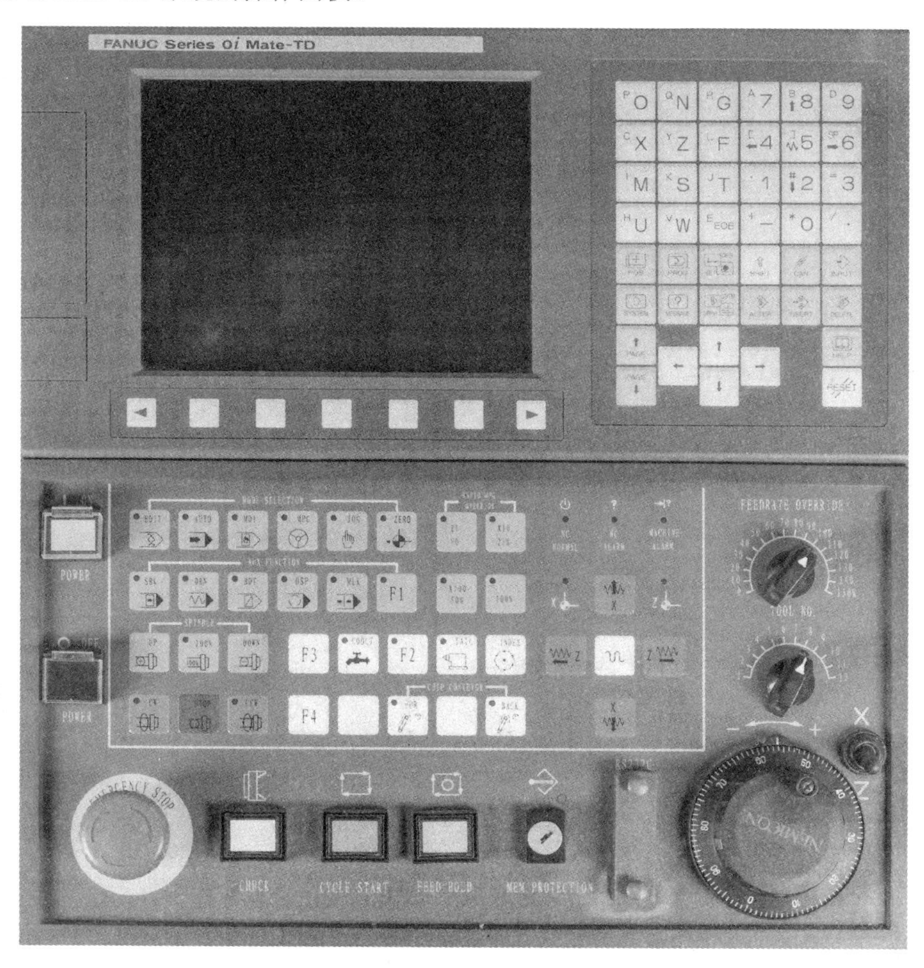

图 1-1　FANUC Series 0i Mate-TD 系统的操作面板

任务分析

数控车床品牌众多，其数控系统和操作面板各不相同，在利用数控车床进行零件编程及加工前，必须熟练掌握数控车床操作面板各部位功能键的含义及功能。只有正确认识各功能键的含义及功能，才能正确操作数控车床加工各类零件。

任务实施

一、认识数控车床操作面板

图 1-1 所示的数控车床操作面板包括电源控制区、数控系统面板、车床控制面板三部分，各部位的功能如下。

1）电源控制区：主要用于车床数控系统电源的开启与关闭。

2）数控系统面板：主要用于在程序编辑与调试、对刀参数输入、车床当前加工状态的实时监控、车床维修参数修改等过程中实现人机对话。

3）车床控制面板：主要用于操作数控车床，包括操作模式选择、主轴旋转与刀架移动操作、主轴倍率与刀架移动速率调节等。

二、认识电源控制区

图 1-2 所示是 FANUC Series 0i Mate-TD 系统的电源控制区，包括“系统上电”按钮、“系统断电”按钮、“紧急停止”旋钮，主要用于数控系统的上电、断电、急停操作。

图 1-2 电源控制区

1. 系统上电

1）打开车床电源开关。

2）按下电源控制区的“系统上电”按钮，启动数控系统。

3）将电源控制区的“紧急停止”旋钮按顺时针方向旋转。

4）按下 MDI（manual data input）编辑器上的“RESET”键。需要说明的是，华中系统需要进行回零操作，从而消除报警。

2. 系统断电

1）逆时针旋转电源控制区的“紧急停止”旋钮。

2）按下电源控制区的“系统断电”按钮，关闭数控系统。

3）关闭车床电源开关。

三、认识数控系统面板

1. FANUC 数控系统面板介绍

图 1-3 所示是 FANUC Series 0i Mate-TD 数控系统面板，该面板包括 MDI 编辑器（包括字符键和功能键等）、液晶显示屏、存储卡插口、软键区几个部分。

2. MDI 编辑器功能键的名称与功能

图 1-4 所示的 MDI 编辑器（人工数据输入）用于数控车床编程、参数补正、坐标系设定等操作，其功能键如表 1-1 所示。其字母键和数字键用于程序及参数的输入，与计算机键盘上字母键和数字键的功能相同。

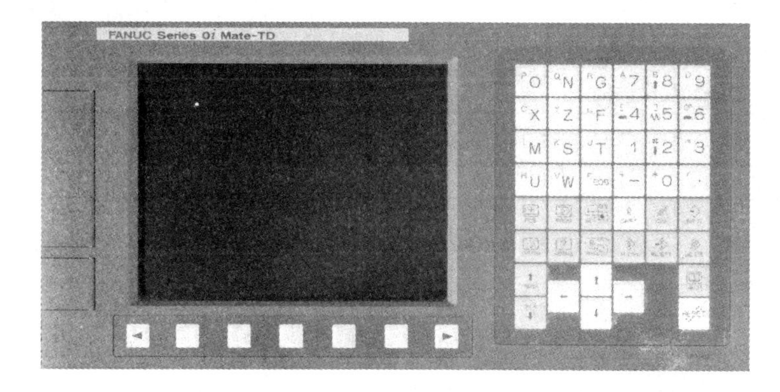

图 1-3 FANUC Series 0i Mate-TD 数控系统面板

图 1-4 MDI 编辑器

表 1-1 MDI 编辑器功能键的名称与功能

序号	名称	示意图	功能
1	位置键	POS	结合软键区的相应软键，会使液晶显示屏上出现各坐标轴的车床坐标值、绝对坐标值、增量坐标值及程序执行中各坐标轴指定位置的剩余值等
2	程序键	PROG	编辑方式下，可进行编程、修改、查找、删除等操作，结合软键区的相应软键可与外部计算机进行程序传输

续表

序号	名称	示意图	功能
3	刀具偏置设定键	OFS SET	按下此键后，结合其他键，可进行工件坐标系设置，并可进行刀尖半径设置、磨损补正等操作
4	取消键	CAN	删除写入储存区的字符
5	系统键	SYSTEM	用于数控系统自我诊断相关数据和参数
6	图形显示键	CSTM GRPH	按下此键后，结合“DRN”键、“循环启动（CYCLE START）”键，可在液晶显示屏上观察刀具的运行轨迹，此时，车床没有进行实际加工
7	信息键	MESSAGE	显示 NC 和 PLC 的警示状态
8	向上翻页键	PAGE	液晶显示屏页面切换控制键，表示向上翻页
9	向下翻页键	PAGE	液晶显示屏页面切换控制键，表示向下翻页
10	光标移动键		控制液晶显示屏中光标向上、下、左、右四个方向移动
11	替换键	ALTER	在程序中光标指定位置进行地址、数据命令更改或用新数据替换原来数据
12	插入键	INSERT	在程序中光标指定位置插入字符或数字
13	删除键	DELETE	删除程序中光标指定位置的字符或数字（注意，被删除的程序语句不能还原）
14	输入键	INPUT	用于输入刀具补偿数据、工件坐标值，按下此键，液晶显示屏下方出现输入栏的内容
15	结束键	E EOB	结束一行程序的输入并换行
16	复位键	RESET	当前状态解除、加工程序重新设置、车床紧急停止时使用该键
17	帮助键	HELP	按下此键，显示机械装备的说明等内容
18	转换键	SHIFT	和地址键共同使用，在英文大小写之间切换

3. 其他区域功能

1）液晶显示屏功能：可用于显示数控车床中的程序、坐标、参数、仿真图形等，是人机交互的主要窗口。

2）存储卡插口功能：用于与计算机、CF（compact flash）卡等外部设备建立连接，进行参数、程序等的输入或输出。

3）软键区功能：在不同的显示界面下对应不同的功能。

四、认识车床控制面板

图 1-5 所示是 FANUC Series 0i Mate-TD 数控系统配套的车床控制面板。该面板包括工作方式及单段执行、主轴正反转等按键。通过这些按键可以进行简单的操作，从而直接控制车床实现主轴运动、刀具转换、刀架移动等动作及 MDI 模式下的单段加工等功能。车床控制面板部分按键的名称与功能如表 1-2 所示。

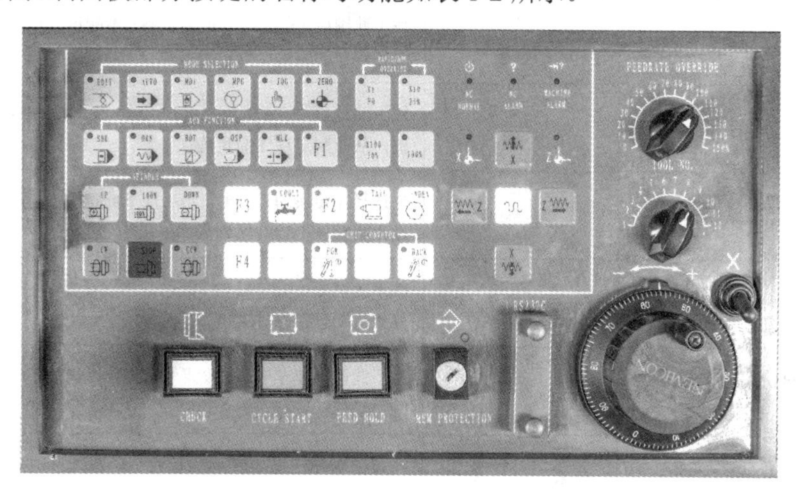

图 1-5　FANUC Series 0i Mate-TD 车床控制面板

表 1-2　车床控制面板部分按键的名称与功能

序号	名称	示意图	功能
1	编辑（EDIT）模式	EDIT	可输入、输出程序，也可对程序进行修改或删除
2	自动（AUTO）模式	AUTO	在 PROG 模式下调用要执行的程序编号，按下“循环启动”键后对工件执行自动加工
3	MDI 模式	MDI	在 PROG 模式下输入程序，按下“循环启动”键后直接执行输入的程序段，可输入 10 条指令

续表

序号	名称	示意图	功能
4	手轮（MPG）模式键	MPG	按下此键后，可用手轮操作刀架沿 X/Z 方向作 1μm、10μm、100μm 三种微量移动
5	手动（JOG）模式键	JOG	结合刀架移动控制键可对刀架执行快速移动、慢速移动等操作
6	回零（ZERO）模式键	ZERO	使车床回到零点（即参考点）位置，CNC 建立车床坐标系
7	单段执行键	SBK	按下此键，在自动加工模式或 MDI 模式中单段运行程序
8	跳步执行键	BDT	在自动模式下按下此键，跳过程序段开头带有“/”的程序段
9	车床锁住键	MLK	按下此键后，车床处于锁定状态，不能执行加工操作，但可以进行程序的编辑、修改等操作
10	空运行键	DRN	按下此键后，车床执行空运行，通过空运行观察刀具的运行轨迹，从而判定程序的正确性
11	换刀键	INDEX	先选择需要换的刀位号，然后按下此键一次，刀架旋转一个刀位，必须一个刀位换好后才能换第二个刀位
12	切削液控制键	COOLT	按下此键后，切削液循环流动且指示灯亮，再按一次，切削液停止流动且指示灯灭
13	进给保持键（面板上为黄色按键）		按下此键可使车床进给处于暂停状态，再按下“循环启动”键，则自动保持运行，与 M00 指令的功能基本相同
14	循环启动键（面板上为绿色按键）		在自动或 MDI 模式下按下此键后，车床自动执行当前程序，其余模式按下此键无效
15	主轴正转键	CW	在手动模式下，按下此键可以使车床主轴正向转动
16	主轴停止键	STOP	在手动模式下，按下此键可以使车床主轴停止转动
17	主轴反转键	CCW	在手动模式下，按下此键可以使车床主轴反向转动
18	X/Z 向选择开关		采用手轮控制刀架移动时，利用此开关可以选择 X 或 Z 方式移动。当开关指向 Z 时，手轮控制刀架沿 Z 轴方向移动，反之，沿 X 方向移动

续表

序号	名称	示意图	功能
19	手轮		在手轮模式下，摇动手轮可控制刀架移动，手轮“-”向旋转，控制刀架向 *X* 轴或 *Z* 轴负方向移动，反之，则控制刀架向 *X* 轴或 *Z* 轴正向移动
20	进给倍率调节旋钮		加工零件时选择或调整最适合的进给速度（*F*）。在 0～150%范围内按每挡 10%变化量调节，自动运转时程序按 100%进给量切削
21	主轴倍率调节键		调节主轴速度，从 50%～120%共八挡
22	刀架移动倍率键		有 F0、25%、50%、100%四挡调节，系统默认为 100%
23	选择停止键		在自动模式下，按下此键程序运行到 M01 程序段时程序自动停止
24	刀架移动控制键		在手动模式下，按下上键、下键、左键、右键，可实现刀架沿 *X* 轴或 *Z* 轴正、负方向移动，当按住中间的“快速移动”键时，可实现手动快速移动

任务四　了解数控车床的手动操作

任务目标

了解返回程序零点、手动连续进给、单步进给、手轮进给、手动辅助等功能操作的方法。

任务描述

本任务学习数控车床手动操作的方法，通过学习应掌握各手动操作的基本要领。

任务分析

加工零件时，虽然数控车床由数控加工程序控制，但是手动操作也是非常重要的，它是对刀和调试机床的基础。通过手动操作，数控车床可以完成和普通车床一样的加工任务。

任务实施

1. 返回程序零点

1）按下“ZERO”键，此时屏幕上显示“程序回零”。

2）选择相应的移动轴，按下车床控制面板上的“X+”键及“Z+”键，车床沿着程序零点方向移动。回到程序零点后，坐标轴停止移动，相应指示灯亮。

注意：

1）部分 FANUC 车床由于出厂设置原因，“ZERO”键无效。此种类型的车床返回程序零点需要使用 MDI 程序的方式，返回程序零点的指令是 G28 X0 Z0。

2）程序回零后，自动消除刀偏。

2. 手动连续进给

1）按下“JOG”键，进入手动操作模式，这时屏幕上显示“手动方式”。按下车床控制面板上的“X+”键，车床向 X 轴正向移动；按下“X−”键，车床向 X 轴负方向移动。同理，按下“Z+”键、“Z−”键，车床沿 Z 轴方向移动，可以根据加工零件的需要，按下相应键，移动车床。

2）按下“快速移动”键，进入快速移动模式，当此键与轴向移动键一起按下时，在手动模式下快速进给。

3）按下“主轴正转”键和“主轴反转”键，使主轴正转和反转；按下“主轴停止”键，使主轴停止转动。

注意：刀具切削零件时，主轴需转动。加工过程中刀具与零件发生非正常碰撞后，系统发出警报，同时主轴会自动停止运行，调整到适当位置，继续加工时需要使主轴重新转动。

3. 单步进给

1）按下“MPG”键，选择手轮模式，屏幕上显示“手轮进给方式”。

2）选择适当的移动量：按下“X1 F0”键、“X10 25%”键、“X100 50%”键、“100%”键中的一个，屏幕上相应显示“手轮增量 0.001”等内容，其中 0.001 表示进给增量为 0.001mm，进给增量可在 0.001～1mm 切换。

3）选择好适当的移动量后，按下一次车床控制面板上的“X+”键，车床向 X 轴正方向移动一个点动距离；按下“X−”键，车床向 X 轴负方向以点动方式移动；按下“Z+”键、“Z−”键，机床在 Z 轴分别向正向和负向以点动方式移动。可以根据加工零件的需要，按下适当的键，移动车床。

4. 手轮进给

1）按下“MPG”键，选择手轮模式，这时屏幕上显示“手轮进给方式”。

2）选择适当的点动距离，按下“X1 F0”键、“X10 25%”键、“X100 50%”键、“100%”键。

5. 手动辅助功能操作

（1）手动换刀

手动/手轮/单步模式下，先利用“刀具选择”旋钮指定需要换刀的刀具号，然后按下“换刀”键，使刀架换到指定刀具。

（2）切削液控制

手动/手轮/单步模式下，按下“切削液控制”键，控制切削液的流动与停止。

（3）主轴正转

手动/手轮/单步模式下，按下“主轴正转”键，主轴正向转动。

（4）主轴反转

手动/手轮/单步模式下，按下“主轴反转”键，主轴反向转动。

（5）主轴停止

手动/手轮/单步模式下，按下“主轴停止”键，主轴停止转动。

（6）主轴倍率增加/减少

增加：按下一次“UP”键，主轴倍率从当前倍率以下面的顺序增加一挡。

50%→60%→70%→80%→90%→100%→110%→120%

减少：按下一次“DOWN”键，主轴倍率从当前倍率以下面的顺序递减一档。

120%→110%→100%→90%→80%→70%→60%→50%

注意：相应倍率变化在屏幕上可从主轴转速变化观察到。

（7）快速进给倍率增加/减少

数控车床的快速进给倍率有四个挡位，分别是 0、25%、50%、100%，数值越大，快速进给的速度越快。

（8）进给速度倍率增加/减少

在自动运行中，可利用“进给倍率调节”旋钮对进给倍率进行调节。

增加：从左往右依次拨动旋钮，主轴倍率从当前倍率以下面的顺序增加。

0%→10%→20%→30%→40%→50%→60%→70%→80%→90%→100%→110%→120%→130%→140%→150%

减少：从右往左依次拨动旋钮，主轴倍率从当前倍率以下面的顺序减少。

150%→140%→130%→120%→110%→100%→90%→80%→70%→60%→50%→40%→30%→20%→10%→0%

任务五 了解程序的输入、校验和试切法对刀

任务目标

了解程序输入、校验的方法，并掌握试切法对刀的基本要领。

任务描述

本任务学习程序输入、校验及试切法对刀的相关知识，通过学习应掌握其基本要领。

任务分析

程序的输入、校验既是数控车床操作的基础部分，又是其核心部分。只有学好程序输入、校验的理论知识，才能在后面的加工操作中做到随机应变。

任务实施

一、程序的输入

1. 查看已存储的程序

1）在编辑模式下，按下“PROG”键，进入程序内容界面，按下“向上翻页”键或“向下翻页”键选择程序目录界面。

2）在所选界面中可查看数控车床中已存储程序的程序名，为新程序名的确定做准备。

2. 建立新程序

1）在编辑模式下，按下“PROG”键，进入程序内容界面，如图 1-6 所示。

```
程序                                O0001 N00002
O0001                                (FG:编辑)
O0001 ;
T0101 ;
G99 ;
M03 S800 ;
G00 X47 Z2 ;
G71 U1 R0.5 ;
G71 P1 Q2 U0.5 W0.1 F0.2 ;
N1 G00 X0 ;
G01 Z0 ;
G03 X16 Z-2 R17 ;
G01 Z-9 ;
A)_
                              S      0 T0101
编辑 **** *** ***|   |09:05:02 |
程序  列表                       (操作)
```

图 1-6 程序内容界面

2）按下“O”键，选择一个程序目录界面中没有的程序名（如 O0002），依次按数字键 0、0、0、2，按下“INSERT”键，建立新程序。

3）按照编写的程序逐字符输入，即可完成程序的输入。

二、程序的校验

1）图形设置。按下“图形显示”键，进入图形显示界面，如图 1-7 所示。

2）程序的校验。按下“AUTO”键，进入自动模式，按下“DRN”键，再按下“MLK”键，使数控车床进入空运行及车床锁住状态。按下“图形”软键进入图形显示界面，再按下“循环启动”键开始作图，可通过显示刀具运动的轨迹，检验程序的正确性。运行完毕，程序校验界面如图 1-8 所示。

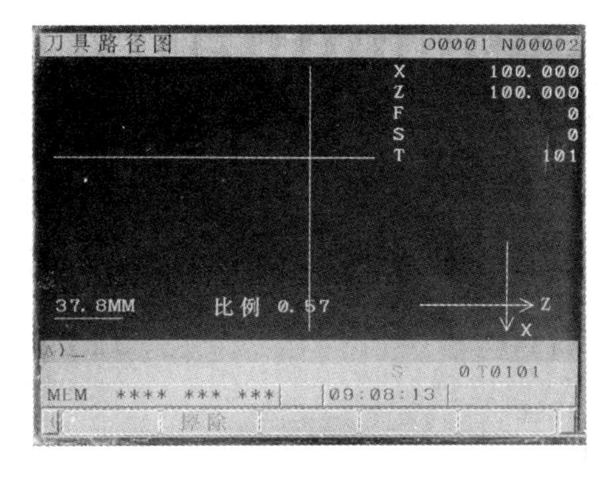

图 1-7　图形显示界面

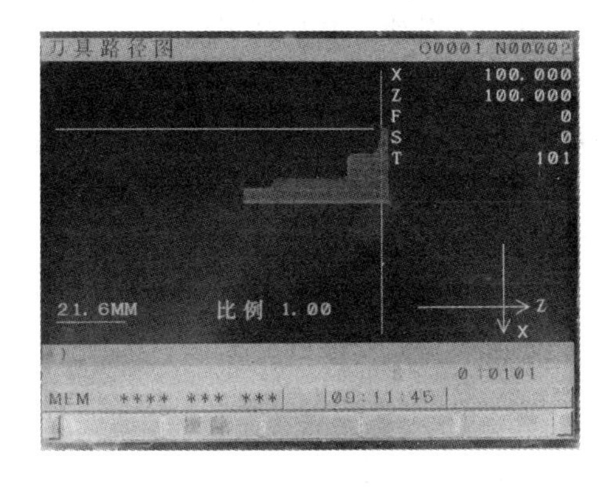

图 1-8　程序校验界面

如果显示的程序轨迹有误，则分析程序中的错误并修改零件程序，直至无误为止。在图形显示界面，可通过屏幕下方的软键来控制作图中的一些基本操作，如清除图形、调节图形显示比例等。

三、试切法对刀概述

试切法对刀的操作步骤如下（以工件端面建立工件坐标系，如图 1-9 所示）。

1）选择任意一把刀，使刀具沿工件表面 A 切削。

2）在 Z 轴不动的情况下，沿 X 轴退出刀具，并停止主轴转动。

3）按下“刀具偏置设定”键，进入偏置界面，选择刀具偏置界面，按下“向上翻页”键、“向下翻页”键，切换界面选择该刀具对应的偏置号。

4）依次按下“Z”键、数字键“0”及“测量”软键。

5）使刀具沿表面 B 切削。

6）在 X 轴不动的情况下，沿 Z 轴退出刀具，并停止主轴转动。

7）测量直径 α（假定 α=30mm）。

8）按下“刀具偏置设定”键，进入偏置界面，选择刀具偏置界面，按下“向上翻页”键、“向下翻页”键，切换页面选择该刀具对应的偏置号。

9）依次按下“X”键、数字键“30”及“测量”软键。

10）移动刀具至安全位置，换另一把刀。

11）使刀具按表面 A_1 切削。

12）在 Z 轴不动的情况下，沿 X 轴退出刀具，并停止主轴转动。

13）测量表面 A_1 与工件坐标系原点之间的距离 β'（假定 β'=1mm）。

14）按下“刀具偏置设定”键，进入偏置界面，选择刀具偏置界面，按下“向上翻页”键、“向下翻页”键，切换界面选择该刀具对应的偏置号。

15）依次按下“Z”键、数字键“1”及“测量”软键。

16）使刀具沿表面 B_1 切削。

17）在 X 轴不动的情况下，沿 Z 轴退出刀具，并停止主轴转动。

18）测量距离 α'（假定 α'=30mm）。

19）按下“刀具偏置设定”键，进入刀具偏置界面，利用“光标移动”键，移动光标，选择该刀具对应的偏置号。

20）依次按下“X”键、数字键“1/0”及“INPUT”键。

其他刀具对刀时重复步骤10）～20）即可。

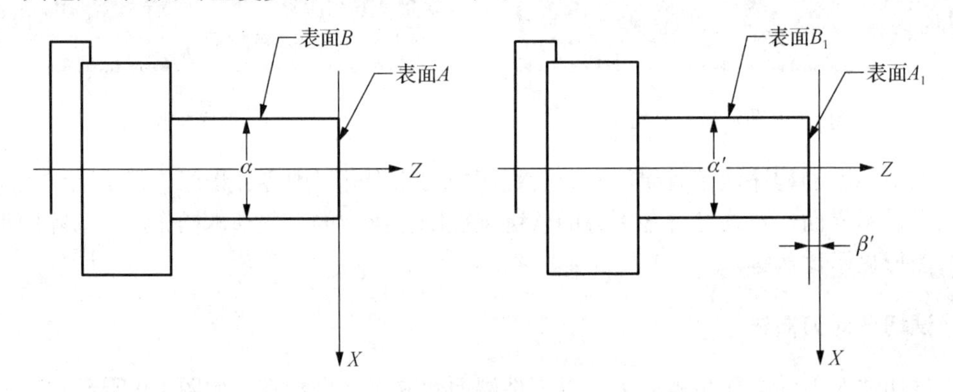

图1-9　试切法对刀

项目二

加工轴类零件

学习目标

（1）熟悉轴类零件加工的相关工艺知识。
（2）能熟练应用 G02、G03 指令进行编程与加工。
（3）能熟练应用 G71、G70 循环指令加工轴类零件轮廓面。
（4）能根据图样要求保证零件的加工精度及表面粗糙度。

任务一　加工低台阶轴

任务目标

1）熟悉低台阶轴的加工工艺知识。
2）熟悉指令格式、程序格式。
3）掌握试切法对刀的操作。
4）能建立工件坐标系，并计算点的坐标。
5）初步了解精度保证方法。

任务描述

本任务完成图 2-1 所示的低台阶轴零件的加工。

任务分析

零件图样如图 2-1 所示。毛坯尺寸为ϕ30mm，长 70mm。

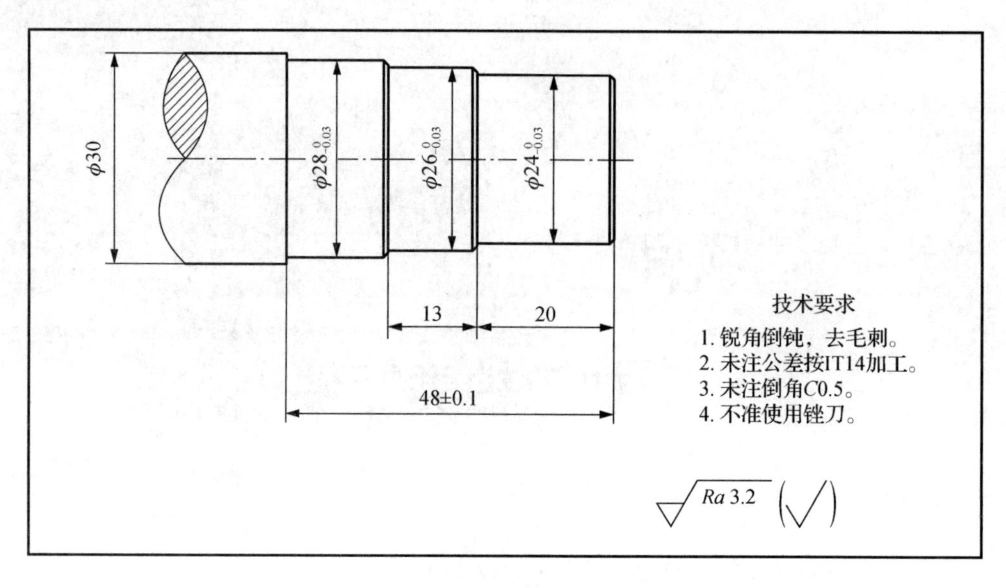

图 2-1　低台阶轴零件图

1. 尺寸精度

本加工任务精度要求较高的尺寸主要是外圆 $\phi28_{-0.03}^{\ 0}$、$\phi26_{-0.03}^{\ 0}$、$\phi24_{-0.03}^{\ 0}$，以及长度尺寸 48±0.1。对于尺寸精度要求，主要通过正确对刀及粗、精加工分别加以保证。

2. 表面粗糙度

该零件表面粗糙度均为 3.2μm，通过选用合适的刀具及几何参数，正确的粗、精加工线路，合理的切削用量及冷却措施来保证。

知识链接▶

1. 指令格式

数控程序由指令组成，指令有五大功能：准备功能（G）、辅助功能（M）、刀具功能（T）、主轴功能（S）、进给功能（F）。

（1）准备功能（G）

FANUC 系统常用 G 指令如表 2-1 所示。

表 2-1　FANUC 系统常用 G 指令（*X* 坐标向上）

G 代码	功能	G 代码	功能
G00	快速插补	☆G01	直线插补

续表

G 代码	功能	G 代码	功能
G02	圆弧顺时针插补	G70	精加工循环
G03	圆弧逆时针插补	G71	外圆、内孔粗加工切削循环
G04	暂停延时	G73	成形加工复合循环
☆G21	毫米输入	G76	螺纹切削复合循环
G23	螺纹切削	G92	简单螺纹切削循环
G40	取消半径补偿	☆G97	恒线速功能取消
G41	半径左补偿	☆G98	每分钟进给
G42	半径右补偿	G99	每转进给

注：通电时带☆标记的 G 指令将初始化。

（2）辅助功能（M）

FANUC 系统常用 M 指令如表 2-2 所示。

表 2-2　FANUC 系统常用 M 指令

M 代码	功能	M 代码	功能
M00	程序暂停	M07	雾状切削液开启
M01	选择性停止	M08	液状切削液开启
M02	程序结束	☆M09	切削液关闭
M03	主轴正转	M30	主程序结束，返回开始状态
M04	主轴反转	M98	子程序调用
☆M05	主轴停止	M99	子程序调用结束

注：通电时带☆标记的 M 指令将初始化。

（3）刀具功能（T）

格式：T0101；（前两位表示刀具号，后两位为刀补号）

T0101 表示 1 号刀 1 号刀补。图 2-2 所示为机床上刀架形式简化图。

（4）主轴功能（S）

格式：S400；（主轴转速为 400r/min）

（5）进给功能（F）

进给可分为每分钟进给和主轴每转进给两种。

格式：F200；（进给量 200mm/min）

F0.2；（进给量 0.2mm/r）

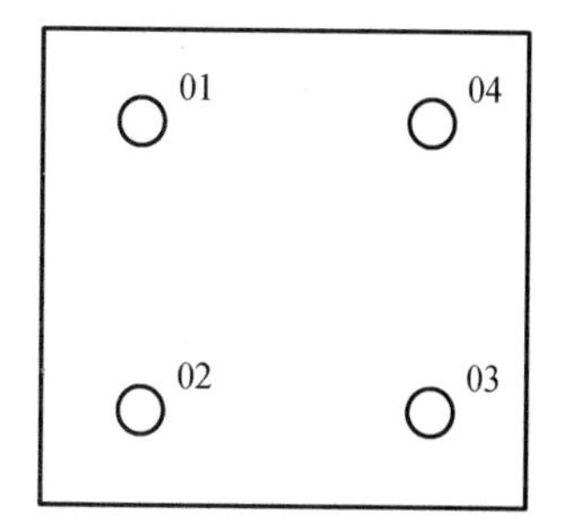

图 2-2　机床上刀架形式简化图

2．程序格式

1）程序名：通常用字母 O 开头，后面跟四位数字，如 O1101。

2）程序段格式：在程序运行时，程序段是作为一个单元来处理的，是数控加工程序中的一条语句。一个数控加工程序是由若干个程序段组成的。程序段格式如图 2-3 所示。

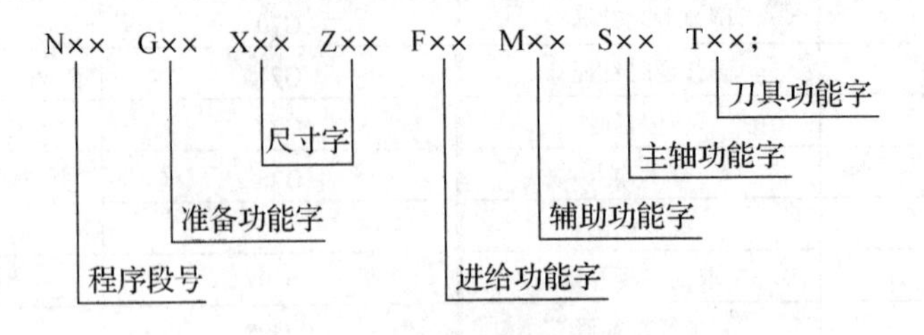

图 2-3 程序段格式

例如：

```
N10  G00  X30  Z2;
N20  G01  X30  Z-10  F0.1;
```

3）加工程序的一般格式：

```
O2222;                  程序名
-------------------------
N10  G00 X100 Z100;     程序开始
N20  T0101;
N30  M03 S800;
-------------------------
N40  G00 X30 Z2;        程序主体
N50  G00 X28;
N60  G01 Z-40 F0.1;
N70  G01 X30;
N80  G00 Z2;
-------------------------
N90  G00 X100 Z100;     程序结束
N100  M30;
```

3. 坐标点的计算

1）如图 2-4 所示，先建立坐标系，以ϕ26 圆柱右端面与轴线交点为坐标原点，以轴线右向为 Z 轴正方向，以直径方向为 X 轴方向，X 轴以直径数值来度量。图 2-4 中各点的坐标分别是 O 点（0,0），①点（26,0），②点（26,-20），③点（28,-20），④点（28,-40），⑤点（30,-40）。

特别强调：数控车床中的坐标分别为 X 轴和 Z 轴两个坐标，其中 X 轴的坐标为直径值。

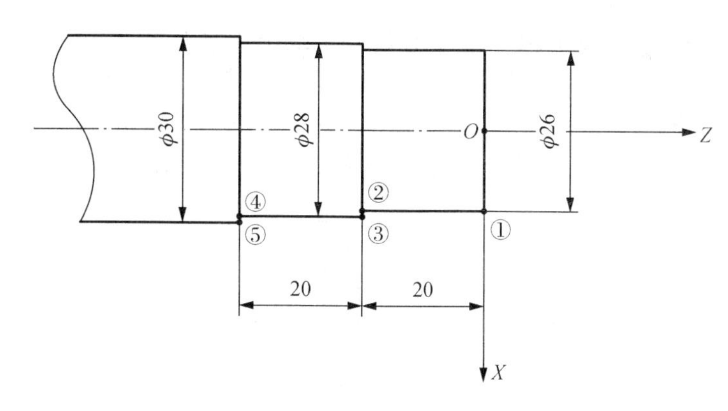

图 2-4　坐标点计算

2）增量坐标概念：在数控编程中有两种编程方式，一种是绝对编程，所对应的坐标为 X、Z；另一种是相对编程，所对应的坐标为 U、W，相对编程是后点与上一点相比较的值。例如：

```
G00  X100  Z100;
```

上面程序的含义是快速移动到 X 轴正方向 100mm、Z 轴正方向 100mm 处，是绝对编程格式。

```
G00  X100  Z100;
G00  U-70  W-98;
```

上面程序的含义是先快速移动到 X 轴正方向 100mm、Z 轴正方向 100mm 处，再快速移动到与上一点比较 X 向减少 70mm、Z 向减少 98mm 处。其实际坐标为（30,2），是相对编程格式。

4. 编程方式

（1）手工编程

对于形状简单的零件，手工编程简单，程序不复杂，而且经济、使用方便。本书主要介绍手工编程。

（2）自动编程

自动编程就是利用计算机及相应编程软件编制数控加工程序的过程。

5. 试切法对刀的具体操作

在手动模式下使车床主轴转动，车端面。完成端面切削后，不能移动 Z 轴方向，按下“X+”键退出，再按下“主轴停止”键使主轴停止转动。

试切法对刀示意图如图 2-5 所示。在屏幕上找出相应刀号（刀具），把光标移动到 *Z*，输入“Z0”，按屏幕下面的“测量”软键，完成对应刀号 *Z* 向的对刀。重新使主轴转动，切削一段外圆柱面后不要移动 *X* 轴，先按下“Z+”键退出，再按下“主轴停止”键。使主轴停止转动，并用外径千分尺测出试切部分外圆直径 *X* 值。对刀过程如图 2-6 所示。

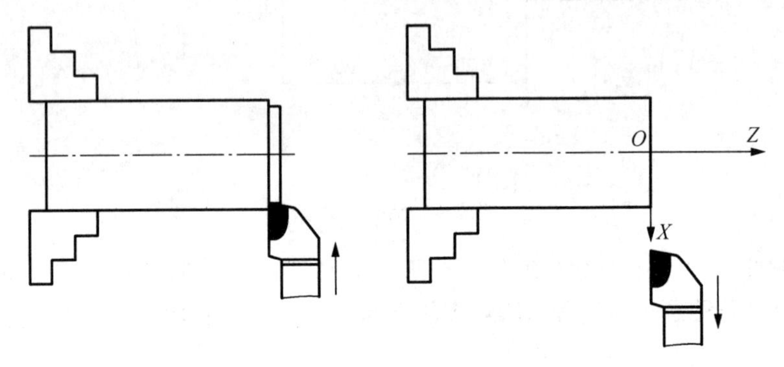

图 2-5　试切法对刀示意图

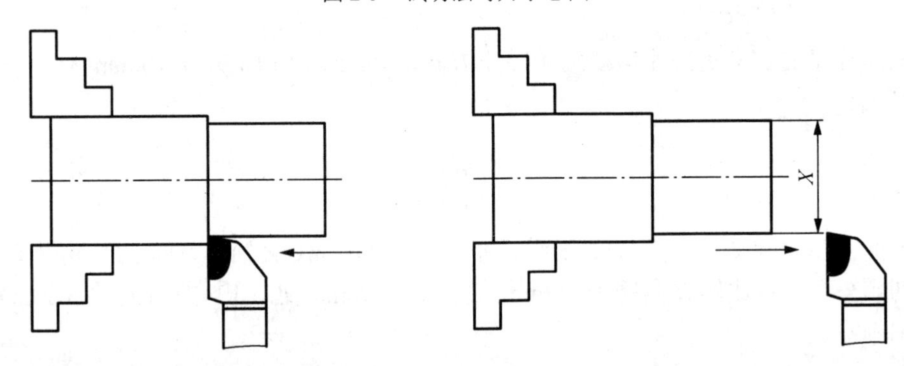

图 2-6　对刀过程

在屏幕上找到对应刀号，把光标移动到 *X* 轴，输入测出的 *X* 数值（保留小数点后两位有效数字）。按屏幕下面的“测量”软键，完成对应刀号 *X* 向的对刀。

6. 精度保证

零件尺寸精度的保证，应根据“试切削→测量→误差补偿”的思路进行，即先预留一定的工件尺寸进行一次试切削，经过测量，修正磨损后，再一次切削，完成最后加工。具体步骤如下：

1）加工前，按下屏幕下面的“磨损”软键，进入磨耗补正界面，输入预留值。一般外径 *X* 预留 0.2mm，长度 *Z* 预留 0.1mm。

2）加工零件。

3）工件测量与误差补偿。用外径千分尺测量加工后的零件外径，计算实际尺寸与设计尺寸之间的差值。偏大多少，则在“磨损”补正栏中减少相应数值，即输入$-X$相应值，车床会自动减去相应值。长度方向Z的补正与X补正相同，这里不再赘述。

4）自动加工。将光标移动到精加工程序段按下“循环启动”键，对工件进行一次精加工，去除后来的补正值，得到精确的值。

任务实施

一、分析和制定加工工艺

1. 确定编程原点

以工件右端面与主轴轴线相交的交点为编程原点。

2. 制定加工方案及加工路线

本任务采用一次装夹完成零件的加工方法，依次加工零件外形，完成粗、精加工。

3. 工件定位、装夹与刀具、量具的选用

1）工件的定位及装夹：工件采用自定心卡盘进行定位夹紧。
2）刀具的选用：93°外圆车刀。
3）量具的选用：游标卡尺、外径千分尺。

4. 制定加工工艺

填写数控加工工艺卡，如表2-3所示。

表2-3　数控加工工艺卡

<table>
<tr><td colspan="2">零件名称</td><td colspan="2">低台阶轴</td><td colspan="2">工作场地</td><td colspan="3">数控车间</td></tr>
<tr><td colspan="2">零件材料</td><td colspan="2">铝合金</td><td colspan="2">使用设备和系统</td><td colspan="3">CK6140 FANUC</td></tr>
<tr><td>工序</td><td>名称</td><td colspan="7">工艺要求</td></tr>
<tr><td>1</td><td>下料</td><td colspan="7">—</td></tr>
<tr><td rowspan="2">2</td><td rowspan="2">数控车削</td><td>工步</td><td>工步内容</td><td>刀具号</td><td>刀具类型</td><td>主轴转速/（r/min）</td><td>进给量/（mm/r）</td><td>背吃刀量/mm</td></tr>
<tr><td>1</td><td>装夹工件，利用自定心卡盘夹持毛坯左端外圆ϕ30mm左右，伸出长度大于50mm；加工工件右端外圆ϕ28、ϕ26、ϕ24</td><td>T0101</td><td>93°外圆车刀</td><td>600/1000</td><td>0.2/0.1</td><td>1/0.5</td></tr>
<tr><td colspan="2">日期</td><td></td><td>加工者</td><td></td><td>审核</td><td></td><td>批准</td><td></td></tr>
</table>

二、编写加工程序

编写加工程序，程序段参考表 2-4。

表 2-4　低台阶轴加工的参考程序

段号	程序段	含义
N00	O2001;	程序名
N10	G99;	每转进给
N20	G00　X100　Z100;	刀具快速移动到换刀点
N30	T0101;	换 1 号外圆车刀，调用 1 号刀补
N40	M03　S600;	正转，转速 600r/min
N50	G00　X32　Z2;	快移到起刀点
N60	G00　X28.5　Z2;	进刀至 28.5mm
N70	G01　X28.5　Z-48　F0.2;	直线加工
N80	G01　X32　Z-48　F0.2;	直线加工
N90	G00　X32　Z2;	*Z* 向退回起刀点
N100	G00　X26.5　Z2;	*X* 向进刀至 26.5mm
N110	G01　X26.5　Z-33　F0.2;	粗加工 ϕ26 的外圆，*X* 向精加工余量 0.5mm
N120	G01　X32　Z-33　F0.2;	*X* 向退刀
N130	G00　X32　Z2;	*Z* 向退刀
N140	G00　X24.5　Z2;	*X* 向进刀至 24.5mm
N150	G01　X24.5　Z-20　F0.2;	粗加工 ϕ24 的外圆，*X* 向精加工余量 0.5mm
N160	G01　X32　Z-20　F0.2;	*X* 向退刀
N170	G00　X100　Z100;	回测量点
N180	M05;	主轴停止
N190	M00;	暂停程序
N200	M03　S1000;	精加工，转速 1000r/min
N210	G00　X32　Z2;	快移至起刀点
N220	G00　X0　Z2;	*X* 向进刀
N230	G01　X0　Z0　F0.1;	*Z* 向进刀
N240	G01　X23　Z0　F0.1;	进刀至倒角起点，进给量 0.1mm/r
N250	G01　X24　Z-0.5　F0.1;	倒角 *C*0.5
N260	G01　X24　Z-20　F0.1;	精加工 ϕ24 外圆
N270	G01　X25　Z-20　F0.1;	*X* 向退刀至倒角起点，为倒角 *C*0.5 做准备
N280	G01　X26　Z-20.5　F0.1;	倒角 *C*0.5
N290	G01　X26　Z-33　F0.1;	精加工 ϕ26 外圆
N300	G01　X27　Z-33　F0.1;	*X* 向退刀至倒角起点，为倒角 *C*0.5 做准备
N310	G01　X28　Z-33.5　F0.1;	倒角 *C*0.5
N320	G01　X28　Z-48　F0.1;	精加工 ϕ28 外圆
N330	G01　X32　Z-48　F0.1;	*X* 向退刀
N340	G00　X100　Z100;	刀具返回换刀点
N350	M30;	程序结束

注意：

1）加工工件之前应仔细检查程序，进行必要的图形模拟与空运行。

2）检查对刀是否正确，采用单段执行的方式执行程序。

3）工件外径尺寸应选用外径千分尺测量，长度方向选用游标卡尺或游标深度尺测量。

任务二　加工阶梯轴

任务目标

1）了解阶梯轴加工工艺知识。

2）会用 G71、G70 循环指令加工轮廓面。

3）掌握倒角、倒圆的加工方法。

任务描述

本任务完成如图 2-7 所示的阶梯轴零件的加工。

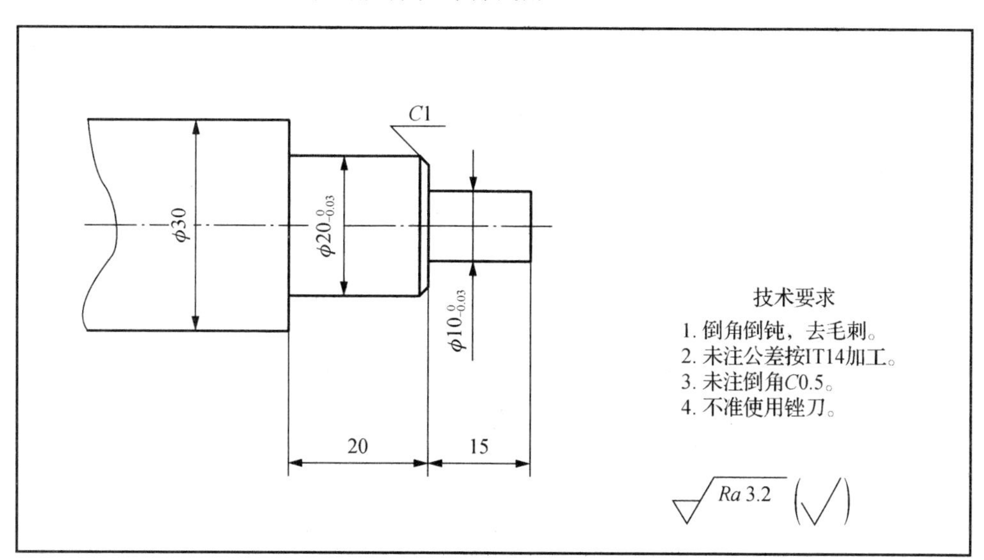

图 2-7　阶梯轴零件图

任务分析

如图 2-7 所示，毛坯直径为$\phi30$，尺寸精度为$\phi20_{-0.03}^{\ 0}$、$\phi10_{-0.03}^{\ 0}$及长度 20、15 都可以

通过正确对角及粗、精加工来保证。

知识链接

1. G71 和 G70 指令

（1）外圆/内孔粗加工切削循环指令 G71

G71 指令适用于切削余量较大且沿径向单调递增或递减的工件。

格式：G71　U(Δd)__R(Δe)__;

　　　G71　P(ns)__Q(nf)__U(Δu)__W(Δw)__F__S__T__;

其中：Δd——背吃刀量，半径值；

Δe——退刀量，半径值；

ns——精加工程序段中开始程序段号；

nf——精加工程序段中结束程序段号；

Δu——*X* 向精加工余量，直径指定；

Δw——*Z* 向精加工余量；

F——进给量。

（2）精加工循环指令 G70

G71 指令完成粗加工后，由 G70 指令来完成精加工。

格式：G70　P(ns)__Q(nf)__F(f) __;

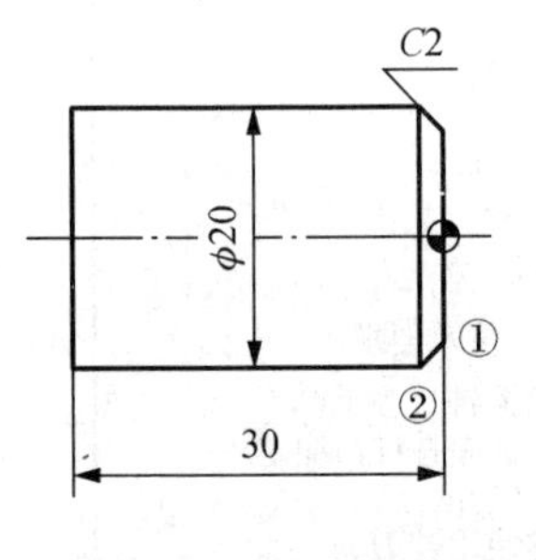

图 2-8　倒角的形式

2. 倒角、圆角的加工

在数控加工中一定会有倒角与圆角的加工，具体介绍如下。

（1）倒角的形式

倒角的形式如图 2-8 所示。

（2）点的确定

图 2-8 中，①点的坐标为(16,0)，②点的坐标为(20,−2)。

（3）用 G01 编程加工倒角

用 G01 编程加工倒角的参考程序如表 2-5 所示。

表 2-5　用 G01 编程加工倒角的参考程序

段号	程序段
N00	G00　X22　Z2;
N10	G00　X0　Z2;
N20	G01　X0　Z0　F0.1;
N30	X16　Z0;

续表

段号	程序段
N40	X20　Z-2;
N50	Z-30;
N60	X22;
N70	G00　Z2;
N80	M30;

（4）倒角的另一种编程方法

倒角另一种编程方法的参考程序如表 2-6 所示。

表 2-6　倒角另一种编程方法的参考程序

段号	程序段
N00	G00　X22　Z2;
N10	G00　X0　Z2;
N20	G01　X0　Z0　F0.1;
N30	X20　C2;
N40	Z-30;
N50	X22;
N60	G00　Z2;
N70	M30;

（5）圆角加工

图 2-9 所示为用 G01 指令加工圆角。

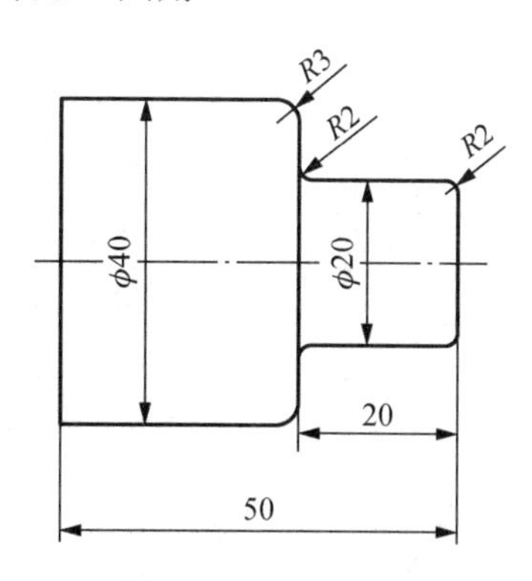

图 2-9　用 G01 指令加工圆角

圆角加工编程参考程序如表 2-7 所示。

表 2-7　圆角加工编程参考程序

段号	程序段
N00	G00　X0　Z2;
N10	G01　X0　Z0　F0.1;
N20	X20　R2;
N30	Z-20　R2;
N40	X40　R3;
N50	Z-50;
N60	G00　X100　Z100;
N70	M30;

任务实施

一、分析和制定加工工艺

采用一次装夹完成零件的加工方法，用指令 G71、G70 编写程序，依次完成粗、精加工。

1. 工件的定位、装夹与刀具、量具的选用

1）工件的定位及装夹：工件采用自定心卡盘进行定位夹紧。
2）刀具的选用：93° 外圆车刀。
3）量具的选用：游标卡尺、外径千分尺。

2. 制定加工工艺

填写数控加工工艺卡，如表 2-8 所示。

表 2-8　数控加工工艺卡

<table>
<tr><td colspan="2">零件名称</td><td colspan="3">阶梯轴</td><td colspan="2">工作场地</td><td colspan="3">数控车间</td></tr>
<tr><td colspan="2">零件材料</td><td colspan="3">铝合金</td><td colspan="2">使用设备和系统</td><td colspan="3">CK6140 FANUC</td></tr>
<tr><td>工序</td><td>名称</td><td colspan="8">工艺要求</td></tr>
<tr><td>1</td><td>下料</td><td colspan="8">—</td></tr>
<tr><td rowspan="2">2</td><td rowspan="2">数控车削</td><td>工步</td><td>工步内容</td><td>刀具号</td><td>刀具类型</td><td>主轴转速/（r/min）</td><td>进给量/（mm/r）</td><td>背吃刀量/mm</td></tr>
<tr><td>1</td><td>装夹工件，利用自定心卡盘夹持毛坯左端外圆 ϕ30mm 左右，伸出长度大于 35mm；加工工件右端外圆 ϕ20、ϕ10</td><td>T0101</td><td>93° 外圆车刀</td><td>600/1000</td><td>0.2/0.1</td><td>1/0.5</td></tr>
<tr><td colspan="2">日期</td><td>加工者</td><td></td><td></td><td>审核</td><td></td><td>批准</td><td></td></tr>
</table>

二、编写加工程序

阶梯轴加工的参考程序如表 2-9 所示。

表 2-9　阶梯轴加工的参考程序

段号	程序段	含义
N00	O2002;	程序名
N10	G99;	设置进给量 *F*，单位为 mm/r
N20	G00　X100　Z100;	刀具快速移动到换刀点
N30	T0101;	换 1 号外圆车刀，调用 1 号刀补
N40	M03　S600;	主轴正转，转速 600r/min
N50	G00　X32　Z2;	快速接近工件至起刀点
N60	G71　U1　R0.5;	粗车循环，背吃刀量 1mm，退刀量 0.5mm
N70	G71　P80　Q140　U0.5　W0.1　F0.2;	N80～N140 定义精加工轮廓，*X* 向精加工余量 0.5mm，*Z* 向精加工余量 0.1mm，进给量 0.2mm/r
N80	G00　X0;	快速移到工件 *X* 向的零点
N90	G01　Z0;	到工件原点
N100	G01　X10　C0.5;	加工端面及倒角 *C*0.5
N110	G01　Z−15;	车削ϕ10 外圆
N120	G01　X20　C1;	倒角 *C*1
N130	G01　Z−35;	车削ϕ20 外圆
N140	G01　X32;	*X* 向退刀至ϕ32，加工完毕
N150	G00　X100　Z00;	回换刀点
N160	M05;	主轴停止
N170	M00;	暂停程序执行，磨耗调整
N180	G00　X32　Z2;	定位至精车循环起点
N190	M03　S1000　F0.1;	主轴正转，转速 1000r/min，进给速度 0.1mm/r
N200	G70　P80　Q140;	执行精车循环
N210	G00　X100　Z100;	回换刀点
N220	M30;	程序结束

任务三　加工简单成形面

任务目标

1）知道简单圆弧面的加工工艺。

2）会用 G02、G03 指令编制圆弧加工程序。

3）能进行简单圆弧轴零件的程序编制与加工。

任务描述

本任务完成图 2-10 所示的简单成形面零件的加工。

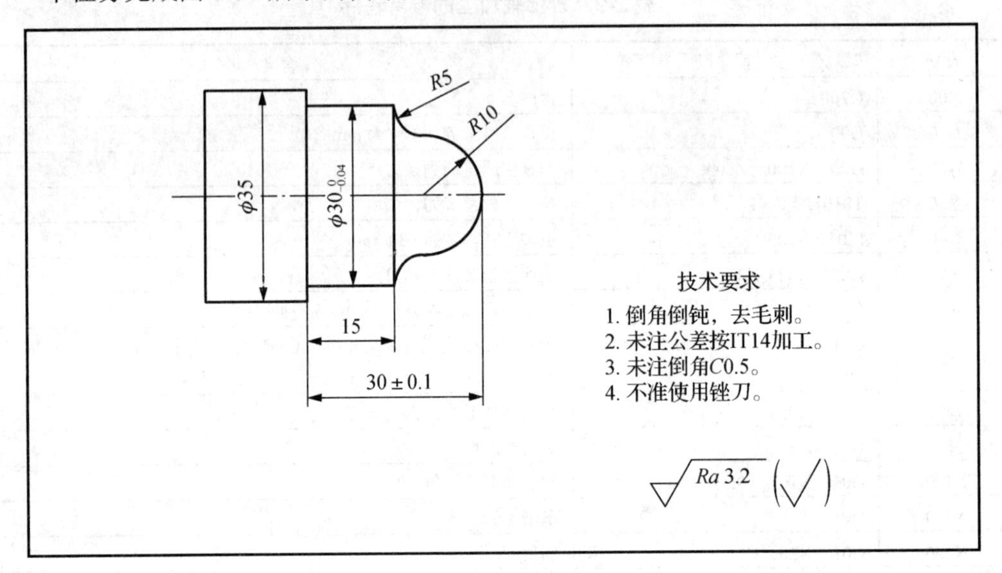

图 2-10　成形面零件图

任务分析

如图 2-10 所示，毛坯直径为ϕ35mm。

1）尺寸精度：主要为外圆尺寸 $\phi 30^{0}_{-0.04}$ 和长度尺寸 30±0.1，通过正确的对刀及粗、精加工来保证。

2）表面粗糙度为 3.2μm，通过选用刀具及几何参数，正确的粗、精加工路线，合理的切削用量及冷却等措施来保证。

知识链接

1. G02、G03 指令功能

G02 为圆弧顺时针插补指令，G03 为圆弧逆时针插补指令，如图 2-11 所示。

2. 指令格式

G02/G03 指令的格式：G02/G03　X(U)__Z(W)__I__K__F__;

G02/G03　X(U)__Z(W)__I__K__R__F__;

其中：X(U)、Z(W)——圆弧终点坐标；

I、K——圆心在 X 轴、Z 轴方向相对圆弧起点的坐标增量；

R——圆弧半径，当圆弧所对应圆心角小于等于 180° 时，R 取正值；当圆弧所对应圆心角大于 180° 时，R 取负值；

F——进给量。

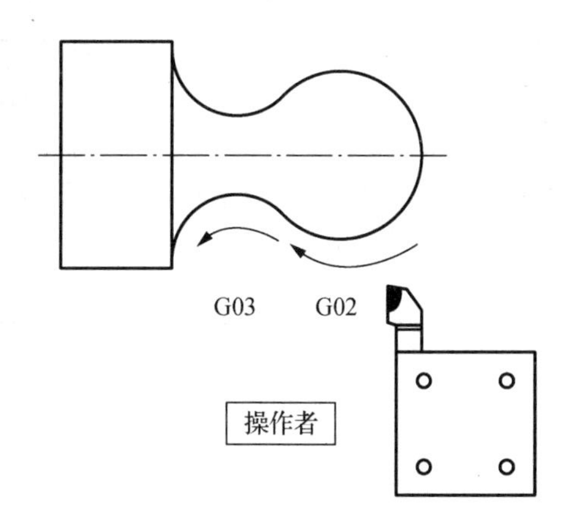

图 2-11　圆弧加工

任务实施

一、分析和制定加工工艺

1. 编程原点的确定

以工件右端面与主轴轴线相交的交点为编程原点。

2. 制定加工方案

采用一次装夹完成零件的加工方法。

3. 工件定位、装夹与刀具、量具的选用

1）工件的定位及装夹：工件采用自定心卡盘进行定位夹紧。
2）刀具的选用：93° 外圆车刀。
3）量具的选用：游标卡尺、外径千分尺、半径样板。

4. 制定加工工艺

填写数控加工工艺卡，如表 2-10 所示。

表 2-10　数控加工工艺卡

零件名称		成形面零件		工作场地		数控车间		
零件材料		铝合金		使用设备和系统		CK6140 FANUC		
工序	名称	工艺要求						
1	下料	—						
2	数控车削	工步	工步内容	刀具号	刀具类型	主轴转速 /（r/min）	进给量 /（mm/r）	背吃刀量 /mm
		1	装夹工件，利用自定心卡盘夹持毛坯左端外圆ϕ35mm 左右，伸出长度大于 30mm；加工工件右端外圆ϕ30 及成形面部分	T0101	93° 外圆车刀	600/1000	0.2/0.1	1/0.5
日期			加工者		审核		批准	

二、编写加工程序

成形面的参考程序如表 2-11 所示。

表 2-11　成形面的参考程序

段号	程序段	含义
N00	O2003;	程序名
N10	G99;	设置进给量 F，单位为 mm/r
N20	G00　X100　Z100;	快速返回换刀
N30	T0101;	换 1 号外圆车刀，调用 1 号刀补
N40	M03　S600;	主轴正转，转速 600r/min
N50	G00　X37　Z2;	快速定位到循环起点
N60	G71　U1　R0.5;	粗车循环，背吃刀量 1mm，退刀量 0.5mm
N70	G71　P80　Q130　U0.5　W0.1　F0.2;	N80～N130 定义精加工轮廓，*X* 向精加工余量 0.5mm，*Z* 向精加工余量 0.1mm，进给量 0.2mm/r
N80	G00　X0;	*X* 向进刀
N90	G01　Z0;	*Z* 向进刀
N100	G03　X20　Z-10　R10;	加工半圆球
N110	G02　X30　Z-15　R5;	加工圆弧
N120	G01　X30　Z-30;	车削ϕ30 外圆
N130	G01　X37;	*X* 向退刀至ϕ37，加工完毕
N140	M03　S1000　F0.1;	主轴正转，转速 1000r/min，进给量 0.1mm/r
N150	G00　X37　Z2;	快速定位到循环起点
N160	G70　P80　Q130;	执行精车循环
N170	G00　X100　Z100;	回换刀点
N180	M30;	程序结束

项目三

加　工　槽

学习目标

（1）能编制简单槽的车削加工程序。
（2）能编制多重槽的车削加工程序。
（3）能编制端面槽的车削加工程序。
（4）会加工带简单槽的零件。
（5）会加工带多重槽的零件。
（6）会加工带端面槽的零件。

任务一　加工普通槽

任务目标

1）掌握零件上槽的基本加工方法。
2）熟练应用暂停延时指令 G04。

任务描述

在轴类零件和套类零件中，许多零件带有槽结构，如普通的直槽、斜槽、多重槽（宽槽）和端面槽等，这些槽的加工质量关系零件的整体质量。本任务完成图 3-1 所示的普通槽零件的加工。

任务分析

如图 3-1 所示，毛坯为ϕ30mm×50mm 铝合金棒料。该零件尺寸精度要求低，主要涉及切槽和倒角，从右端往左端径向尺寸呈递增规律。

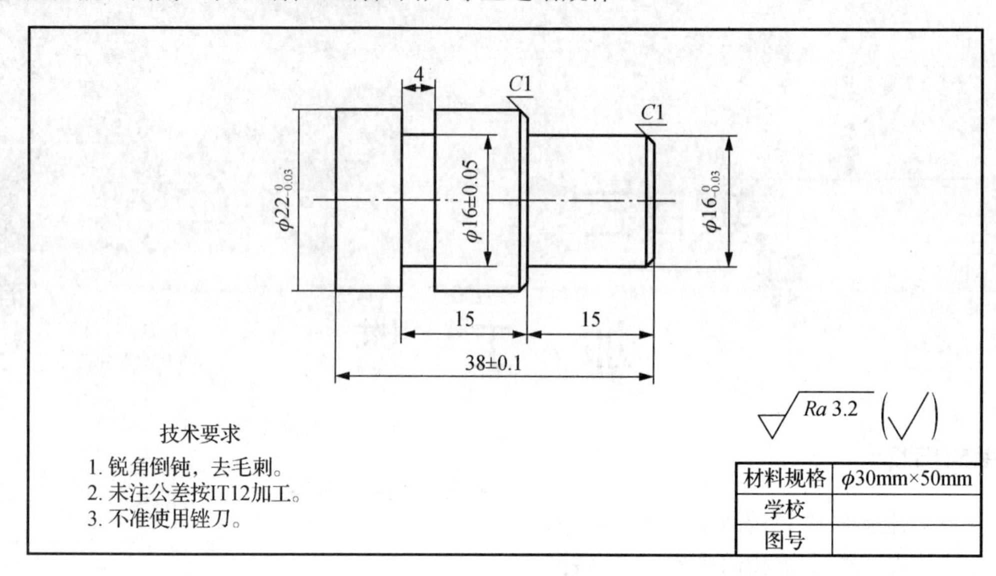

图 3-1　普通槽零件图

知识链接

1. 暂停延时指令（G04）

G04 指令用于给定所需延时的时间，当程序执行到本程序段时，系统按所给定的时间延时，不做任何其他动作，延时结束再执行下一段程序。G04 为模态指令，仅在其指定的程序段中有效。

格式：G04　X__; 或 G04　P__;

其中：X、P——暂停的时间；X 单位为秒（s），P 单位为毫秒（ms）。

例如，G04　X4 表示刀具暂停 4s，工件空转，以使槽底光整。

2. 槽的测量

槽使用游标卡尺、千分尺进行测量。

任务实施

一、分析与制定加工工艺

1. 确定加工方案

采用一次装夹完成工件的粗、精加工，先加工外形轮廓，再切槽，最后切断。

2. 制定加工工艺

填写数控加工工艺卡，如表 3-1 所示。

表 3-1 数控加工工艺卡

<table>
<tr><td colspan="2">零件名称</td><td colspan="2">普通槽零件</td><td colspan="2">工作场地</td><td colspan="3">数控车间</td></tr>
<tr><td colspan="2">零件材料</td><td colspan="2">铝合金</td><td colspan="2">使用设备和系统</td><td colspan="3">CK6140 FANUC</td></tr>
<tr><td>工序</td><td>名称</td><td colspan="7">工艺要求</td></tr>
<tr><td>1</td><td>下料</td><td colspan="7">—</td></tr>
<tr><td rowspan="8">2</td><td rowspan="8">数控车削</td><td>工步</td><td>工步内容</td><td>刀具号</td><td>刀具类型</td><td>主轴转速/（r/min）</td><td>进给量/（mm/r）</td><td>背吃刀量/mm</td></tr>
<tr><td>1</td><td>手动加工右端面</td><td>T0101</td><td>外圆车刀</td><td>600</td><td>0.3</td><td>0.5</td></tr>
<tr><td>2</td><td>粗加工右端外圆轮廓</td><td>T0101</td><td>外圆车刀</td><td>600</td><td>0.2</td><td>2</td></tr>
<tr><td>3</td><td>精加工右端外圆轮廓</td><td>T0101</td><td>外圆车刀</td><td>1200</td><td>0.1</td><td>0.25</td></tr>
<tr><td>4</td><td>切槽</td><td>T0202</td><td>切槽刀</td><td>500</td><td>0.05</td><td>—</td></tr>
<tr><td>5</td><td>切断</td><td>T0202</td><td>切槽刀</td><td>500</td><td>0.05</td><td>—</td></tr>
<tr><td>6</td><td>精度检测</td><td></td><td></td><td></td><td></td><td></td></tr>
<tr><td>装夹定位简图</td><td colspan="6">38±0.1
>48</td></tr>
<tr><td colspan="2">日期</td><td></td><td>加工者</td><td></td><td>审核</td><td></td><td>批准</td><td></td></tr>
</table>

二、编制加工程序

以工件右端面与主轴轴线相交的交点作为编程原点。普通槽加工的参考程序如表 3-2 所示。

表 3-2 普通槽加工的参考程序

段号	程序段	含义
N00	O3001;	主程序名
N10	T0101;	取 1 号刀补（外圆车刀）

续表

段号	程序段	含义
N20	M03 S600;	主轴正转，转速 600r/min
N30	G00 X40 Z2;	快速定位至加工起点位置
N40	G71 U2 R0.5;	执行外圆粗车循环
N50	G71 P60 Q110 U0.5 W0.1 F0.2;	
N60	G0 X14;	快速接近工件
N70	G01 Z0;	外圆车削开始
N80	X16 Z-1;	
N90	Z-15;	
N100	X22 C1;	
N110	Z-39;	外圆车削结束
N120	G00 X100 Z100;	
N130	M05;	主轴停止
N140	M00;	程序暂停，测量工件并修正刀补后再启动程序
N150	T0101;	
N160	G00 X35 Z2;	
N170	S1200 M03;	主轴正转，转速 1200r/min
N180	G70 P60 Q110 F0.1;	执行精车循环
N190	G00 X100 Z100;	
N200	M05;	
N210	M00;	
N220	T0202;	换切槽刀，刀宽 4mm
N230	M03 S500;	
N240	G00 X25 Z-30;	定点
N250	G01 X16 F0.05;	切直槽
N260	G04 X1;	刀具暂停 1s
N270	G01 X25;	
N280	G00 X100 Z100;	回零点
N290	M05;	
N300	M30;	程序结束，返回程序起点

注意：

1）切槽刀有两个刀尖，左刀尖与右刀尖的 Z 坐标是不一样的，刚好差一个刀宽，编程的下刀点不同。用左刀尖编程时 Z 坐标要加上一个刀宽。

2）槽的宽度、深度可以用游标卡尺测量，也可以用千分尺测量，尺寸用磨耗调整。

任务二　加工 V 形槽

任务目标

掌握工件上 V 形槽的加工方法。

任务描述

本任务完成图 3-2 所示的 V 形槽零件的加工。

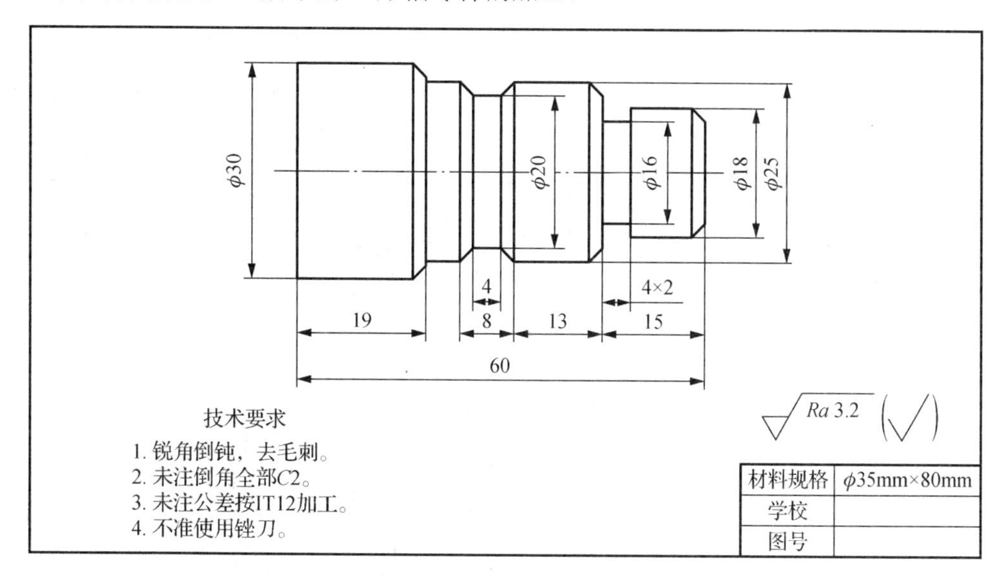

图 3-2　V 形槽零件图

任务分析

如图 3-2 所示，毛坯为 ϕ35mm×80mm 铝合金棒料。该零件的尺寸精度要求低，主要涉及切槽和倒角，从右端往左端径向尺寸呈递增规律。

知识链接

V 形槽的加工要先用指令 G01 切直槽，在槽底使用 G04 指令，退出后再用 G01 指令切斜槽，两边各切一刀，在槽底同样要使用 G04 指令。

任务实施

1. 确定加工方案

采用一次装夹完成零件的粗、精加工，先加工外形轮廓，再切槽，最后切断。数控加工工艺卡如表 3-3 所示。

表 3-3 数控加工工艺卡

零件名称		V 形槽零件			工作场地	数控车间		
零件材料		铝合金			使用设备和系统	CK6140 FANUC		
工序	名称	工艺要求						
1	下料	—						
2	数控车削	工步	工步内容	刀具号	刀具类型	主轴转速/（r/min）	进给量/（mm/r）	背吃刀量/mm
		1	手动加工右端面	T0101	外圆车刀	600	0.3	0.5
		2	粗加工右端外圆轮廓	T0101	外圆车刀	600	0.2	2
		3	精加工右端外圆轮廓	T0101	外圆车刀	1200	0.1	0.25
		4	切槽（两处）	T0202	切槽刀	500	0.05	—
		5	切断	T0202	切槽刀	500	0.05	—
		6	精度检测					
		装夹定位简图	60 >70					
日期			加工者		审核		批准	

2. 编写加工程序

以工件右端面与主轴轴线相交的交点为原点。V 形槽加工的参考程序如表 3-4 所示。

表 3-4 V 形槽加工的参考程序

段号	程序段	含义
N00	O3002;	主程序名

续表

段号	程序段	含义
N10	T0101;	取 1 号刀补（外圆车刀）
N20	M03 S600;	主轴正转，转速 600r/min
N30	G00 X40 Z2;	快速定位至加工起点位置
N40	G71 U2 R0.5;	执行外圆粗车循环
N50	G71 P60 Q130 U0.5 W0 F0.2;	
N60	G00 X14;	外圆车削开始
N70	G01 Z0;	
N80	X18 Z-2;	
N90	Z-15;	
N100	X25 C2;	
N110	Z-41;	
N120	X30 C2;	
N130	Z-61;	外圆车削结束
N140	G00 X100 Z100;	
N150	M05;	主轴停止
N160	M00;	程序暂停，测量工件并修正刀补后再启动程序
N170	T0101;	
N180	G00 X35 Z2;	
N190	S1200 M03;	主轴正转，转速 1200r/min
N200	G70 P60 Q130 F0.1;	执行精车循环
N210	G00 X100 Z100;	
N220	M05;	
N230	M00;	
N240	T0202;	换切槽刀，刀宽 4mm
N250	M03 S500;	
N260	G00 X25 Z-15;	定点
N270	G01 X14 F0.05;	切直槽
N280	G04 X1;	刀具暂停 1s
N290	G01 X32;	
N300	G00 Z-35;	
N310	G01 X20;	切斜槽
N320	G04 X1;	
N330	G01 X30;	
N340	Z-37;	
N350	X20 Z-35;	
N360	X30;	
N370	Z-33;	

续表

段号	程序段	含义
N380	X20 Z-35;	
N390	X30;	
N400	G00 X100 Z100;	回零点
N410	M05;	
N420	M30;	程序结束，返回程序起点

注意：切槽时要注意走刀路径，退刀时，先沿*X*向退至槽外，再定位至下一切槽的位置。

3. 加工操作

1）用自定心卡盘夹持工件毛坯外圆并找正。

2）安装好车刀。

3）输入程序 O3002，检验程序输入是否正确，观察刀具运行轨迹，确保走刀路线正确。

4）对刀，建立工件坐标系。

5）自动加工。

知识拓展

若使用华中系统进行编程，则程序代码如表 3-5 所示。

表 3-5 华中系统编程的程序代码

段号	程序段	含义
N00	O3002;	主程序名
N10	%3002;	程序号
N20	T0101;	取 1 号刀补（外圆车刀）
N30	M03 S600;	主轴正转，转速 600r/min
N40	G00 X40 Z2;	快速定位至加工起点位置
N50	G71 U2 R1 P70 Q130 X0.5 Z0 F0.2;	执行外圆粗车循环
N60	M03 S1000;	主轴正转，转速 1000r/min
N70	G01 X14 Z0 F0.1;	精车外圆开始
N80	X18 Z-2;	
N90	Z-15;	
N100	X25 C2;	
N110	Z-41;	
N120	X30 C2;	

续表

段号	程序段	含义
N130	Z-61;	精车外圆结束
N140	G00　X100　Z100;	
N150	M05;	主轴停止
N160	M00;	程序暂停，测量工件并修正刀补后再启动程序
N170	T0202;	换切槽刀，刀宽 4mm
N180	M03　S500;	
N190	G00　X25　Z-15;	定点
N200	G01　X14　F0.05;	切直槽
N210	G04　X1;	刀具暂停 1s
N220	G01　X32;	
N230	G00　Z-35;	
N240	G01　X20;	切斜槽
N250	G04　X1;	
N260	G01　X30;	
N270	Z-37;	
N280	X20　Z-35;	
N290	X30;	
N300	Z-33;	
N310	X20　Z-35;	
N320	X30;	
N330	G00　X100　Z100;	回零点
N340	M05;	
N350	M30;	程序结束，返回程序起点

任务三　加工多重槽

任务目标

掌握多重槽加工的方法和技巧。

任务描述

本任务完成图 3-3 所示多重槽零件的加工。

任务分析

如图 3-3 所示，毛坯为ϕ40mm×60mm 铝合金棒料。该零件尺寸精度要求低，主要涉及切槽。

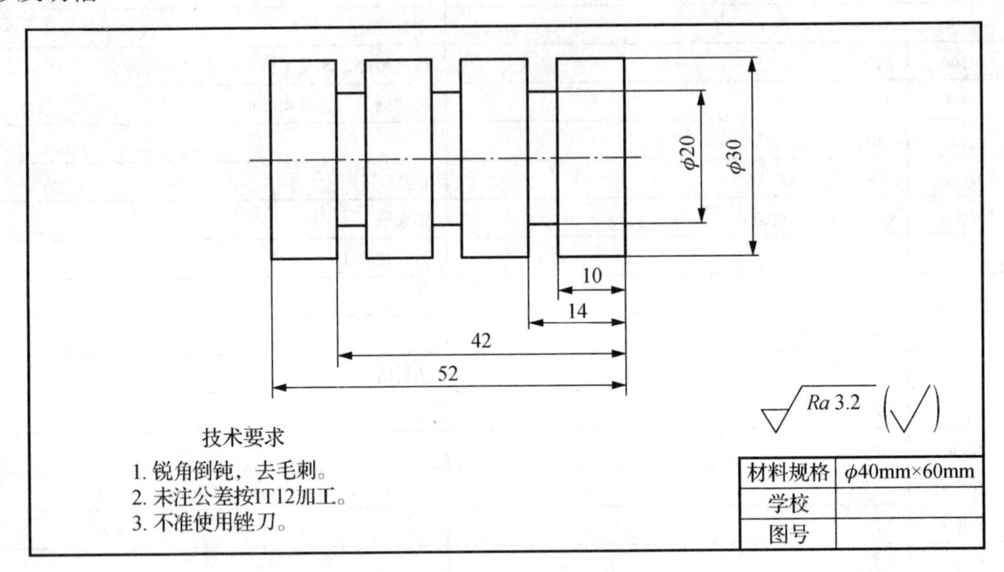

图 3-3　多重槽零件图

知识链接

圆柱槽复合循环指令 G75

格式：G75　R(e);

　　　G75　X(U)__Z(W)__P(Δi)__Q(Δk)__R(Δd)__F__;

其中：e——退刀量，模态值；

X(U)，Z(W)——切槽终点处的坐标值；

Δi——*X* 轴方向的每次切深量，用半径量表示，单位为 μm;

Δk——*Z* 轴方向间断切削长度，即刀具完成一次切削后在 *Z* 向的偏移量，单位为 μm;

Δd——切削至终点的退刀量，无要求时可省略。

任务实施

1. 确定加工方案

采用一次装夹完成零件的粗、精加工，先加工外形轮廓，再切槽，最后切断。数控加工工艺卡如表 3-6 所示。

表 3-6 数控加工工艺卡

<table>
<tr><td colspan="2">零件名称</td><td colspan="2">多重槽零件</td><td colspan="2">工作场地</td><td colspan="3">数控车间</td></tr>
<tr><td colspan="2">零件材料</td><td colspan="2">铝合金</td><td colspan="2">使用设备和系统</td><td colspan="3">CK6140 FANUC</td></tr>
<tr><td>工序</td><td>名称</td><td colspan="7">工艺要求</td></tr>
<tr><td>1</td><td>下料</td><td colspan="7">—</td></tr>
<tr><td rowspan="8">2</td><td rowspan="8">数控车削</td><td>工步</td><td>工步内容</td><td>刀具号</td><td>刀具类型</td><td>主轴转速/（r/min）</td><td>进给量/（mm/r）</td><td>背吃刀量/mm</td></tr>
<tr><td>1</td><td>手动加工右端面</td><td>T0101</td><td>外圆车刀</td><td>600</td><td>0.3</td><td>0.5</td></tr>
<tr><td>2</td><td>粗加工右端外圆轮廓</td><td>T0101</td><td>外圆车刀</td><td>600</td><td>0.2</td><td>2</td></tr>
<tr><td>3</td><td>精加工右端外圆轮廓</td><td>T0101</td><td>外圆车刀</td><td>1000</td><td>0.1</td><td>0.25</td></tr>
<tr><td>4</td><td>切槽（三处）</td><td>T0202</td><td>切槽刀</td><td>500</td><td>0.05</td><td>—</td></tr>
<tr><td>5</td><td>切断</td><td>T0202</td><td>切槽刀</td><td>500</td><td>0.05</td><td>—</td></tr>
<tr><td>6</td><td>精度检测</td><td></td><td></td><td></td><td></td><td></td></tr>
<tr><td>装夹定位简图</td><td colspan="6"></td></tr>
<tr><td colspan="2">日期</td><td></td><td>加工者</td><td></td><td>审核</td><td></td><td>批准</td><td></td></tr>
</table>

2. 编写加工程序

以工件右端面与主轴轴线相交的交点为编程原点。多重槽的加工参考程序如表 3-7 所示。

表 3-7 多重槽的加工参考程序

段号	程序段	含义
N00	O3003;	主程序名
N10	T0101;	取 1 号刀补（外圆车刀）

续表

段号	程序段	含义
N20	M03 S600;	主轴正转，转速 600r/min
N30	G00 X40 Z2;	快速定位至加工起点位置
N40	G71 U2 R0.5;	外圆粗车循环
N50	G71 P60 Q90 U0.5 W0 F0.2;	
N60	G00 X0;	
N70	G01 Z0;	
N80	X30;	
N90	Z-52;	
N100	G00 X100 Z100;	
N110	M05;	主轴停止
N120	M00;	程序暂停，测量工件并修正刀补后再启动程序
N130	T0101;	
N140	G00 X35 Z2;	
N150	S1000 M03;	主轴正转，转速 1000r/min
N160	G70 P60 Q90 F0.1;	执行精车循环
N170	G00 X100 Z100;	
N180	M05;	
N190	M00;	
N200	T0202;	换切槽刀，刀宽 4mm
N210	M03 S500 G99;	
N220	G00 X32 Z-14;	
N230	G75 R1;	切直槽
N240	G75 X20 Z-42 P5000 Q14000 F0.05;	
N250	G00 X100 Z100;	
N260	M05;	
N270	M30;	

3. 加工操作

1）用自定心卡盘夹持工件毛坯外圆并找正。

2）安装好车刀。

3）输入程序 O3003，检验程序输入是否正确，观察刀具运行轨迹，确保走刀路线正确。

4）对刀，建立工件坐标系。

5）自动加工。

任务四 加工端面槽

任务目标

掌握端面槽加工的方法和技巧。

任务描述

本任务完成图 3-4 所示的端面槽零件的加工。

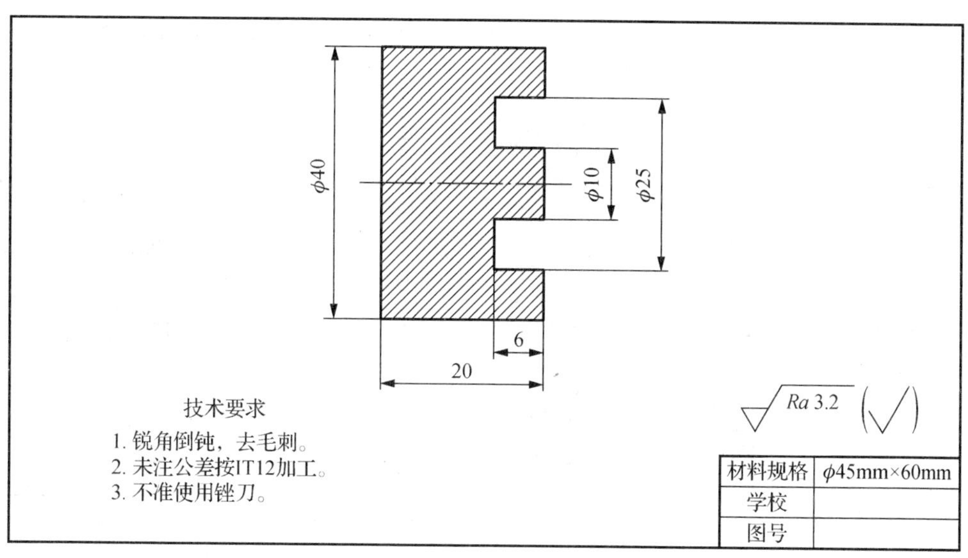

图 3-4 端面槽零件图

任务分析

如图 3-4 所示，毛坯为ϕ45mm×60mm 铝合金棒料。该零件尺寸精度要求低，主要涉及切槽，以及选用合适的端面槽刀。

知识链接

端面槽切削指令 G74

格式：G74 R(e);

G74 X(U)__Z(W)__P(Δi)__Q(Δk) __R(Δd) __F__;

其中：e——退刀量，模态值；

X——*B* 点的 *X* 坐标值；

U——从 *A* 到 *B* 的增量；

Z——*C* 点的坐标值；

Q——*A* 到 *C* 的增量；

Δi——*X* 轴方向间断切削长度，单位为 mm；

Δk——*Z* 轴方向间断切削长度，单位为 mm；

Δd——切削至终点的退刀量。

任务实施

1. 确定加工方案

采用一次装夹完成零件的粗、精加工，先加工外形轮廓，再切槽，最后切断。数控加工工艺卡如表 3-8 所示。

表 3-8　数控加工工艺卡

零件名称		端面槽零件		工作场地		数控车间		
零件材料		铝合金		使用设备和系统		CK6140 FANUC		
工序	名称	工艺要求						
1	下料	—						
2	数控车削	工步	工步内容	刀具号	刀具类型	主轴转速/（r/min）	进给量/（mm/r）	背吃刀量/mm
		1	手动加工右端面	T0101	外圆车刀	600	0.3	0.5
		2	粗加工右端外圆轮廓	T0101	外圆车刀	600	0.2	2
		3	精加工右端外圆轮廓	T0101	外圆车刀	1000	0.1	0.25
		4	切槽（端面槽）	T0202	端面槽刀（刀宽 4mm）	500	0.05	—
		5	切断	T0202	切槽刀（刀宽 4mm）	500	0.05	—
		6	精度检测					
		装夹定位简图	20；>30					
日期		加工者			审核		批准	

2．编写加工程序

以工件右端面与主轴轴线相交的交点为编程原点。端面槽加工的参考程序如表 3-9 所示。

表 3-9　端面槽加工的参考程序

段号	程序段	含义
N00	O3004;	主程序名
N10	T0101;	取 1 号刀补（外圆车刀）
N20	M03　S600　G99;	主轴正转，转速 600r/min
N30	G00　X40　Z2;	快速定位至加工起点位置
N40	G71　U2　R0.5;	外圆粗车循环
N50	G71　P60　Q80　U0.5　W0　F0.2;	
N60	G00　Z0;	
N70	G01　X35;	
N80	Z-52;	
N90	G00　X100　Z100;	
N100	M05;	主轴停止
N110	M00;	程序暂停，测量工件并修正刀补后再启动程序
N120	T0101;	
N130	G00　X35　Z2;	
N140	S1000　M03;	主轴正转，转速 1000r/min
N150	G70　P60　Q80　F0.1;	执行精车循环
N160	G00　X100　Z100;	
N170	M05;	
N180	M00;	
N190	T0202;	换切槽刀，刀宽 4mm
N200	M03　S500　G99;	
N210	G00　X25　Z2;	前一点是对刀点，从外到内
N220	G74　R1;	切直槽
N230	G75　X16　Z-6　P2000　Q3000　F0.05;	
N240	G00　X100　Z100;	
N250	M05;	
N260	M30;	

3．加工操作

1）用自定心卡盘夹持工件毛坯外圆并找正。

2）安装好车刀。

3）输入程序 O3004，检验程序输入是否正确，观察刀具运行轨迹，确保走刀路线正确。

4）对刀，建立工件坐标系。

5）自动加工。

项目四

加工零件内轮廓面

学习目标

（1）能运用 G00、G01、G71、G90 指令编写孔的加工程序。
（2）能正确使用内孔刀具。
（3）能正确使用内孔测量工具。

任务一　加工通孔类零件

任务目标

掌握通孔类零件加工的方法和技巧。

任务描述

本任务完成图 4-1 所示的通孔零件的加工。

任务分析

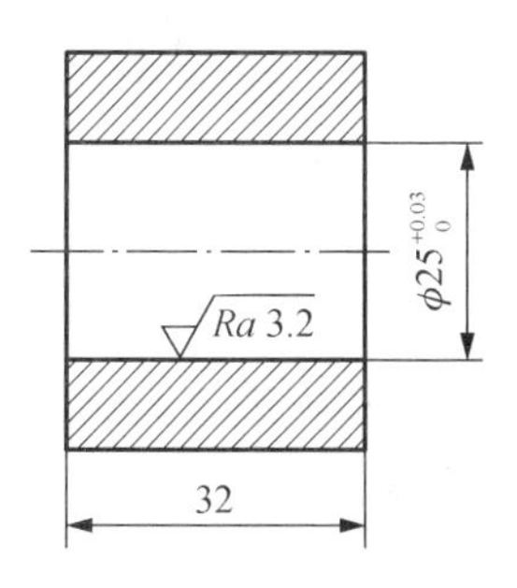

图 4-1　通孔零件图

1. 零件图样分析

加工如图 4-1 所示的零件，毛坯为ϕ40mm 的棒料，中间带ϕ22mm 的孔。

2. 精度分析

（1）尺寸精度

本任务中尺寸精度较高的尺寸为孔$\phi25^{+0.03}_{0}$。对于尺寸精度要求，主要通过在加工过程中的准确对刀、正确设置磨耗，以及正确制定合适的加工工艺等措施来保证。

（2）表面粗糙度

本任务中孔加工后的表面粗糙度要求为3.2μm。对于加工后的表面粗糙度，主要通过选用合适的刀具及几何参数，正确的粗、精加工路线，合理的切削用量及冷却等措施来保证。

知识链接▶

很多机器零件，如齿轮、轴套、带轮等，不仅有外轮廓面，而且有内轮廓面，常见的内轮廓有内圆柱面、内圆锥面、内圆弧面等。内轮廓面是起支承或导向作用的主要表面，通常与运动的轴、刀具或活塞相配合，其配合精度影响零件的使用性能，所以内轮廓面的加工非常重要。实际生产中，对于孔的加工往往先采用铸造、锻造或钻削的方法产生毛坯孔，然后在此基础上通过车削达到规定的尺寸精度和表面粗糙度要求。

在前面的任务中利用G71/G70循环指令加工零件外轮廓，其实利用G71/G70循环指令还可以加工内孔、内锥等。

加工注意事项如下：

1）在加工零件外轮廓时，X向起刀点往往比毛坯尺寸大2mm。

2）在加工零件内轮廓时，X向起刀点要比麻花钻底孔直径小1～2mm；内孔车刀的刀杆直径也要比底孔直径小，一般比底孔直径小2mm即可进刀，否则会撞刀。

3）内孔车刀加工的内孔直径宜不超过自身的3倍，否则会引起振动。

4）内孔车刀选择，要注意通孔车刀与不通孔车刀的区别。

任务实施▶

一、分析和制定加工工艺

1. 编程原点的确定

根据编程原点的确定原则，该工件的编程原点取在工件的右端面与主轴轴线相交的交点上。

2. 制定加工方案与加工路线

采用一次装夹并完成粗、精加工的加工方案。

3. 工件定位、装夹与刀具的选用

（1）工件的定位及装夹

工件采用自定心卡盘进行定位与装夹。工件装夹时的夹紧力要适中，既要防止工件

的变形与夹伤，又要防止工件在加工过程中产生松动。

（2）刀具的选用

车孔的方法基本和车外圆相同，但内孔车刀和外圆车刀相比存在差别。内孔车刀可分为通孔车刀和不通孔车刀两种，如图 4-2 所示。

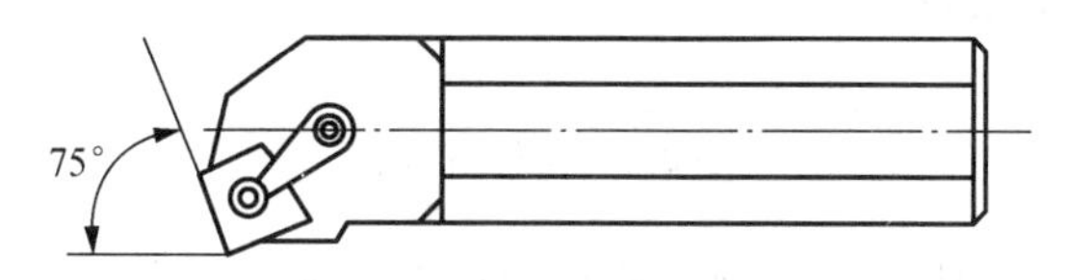

（a）通孔车刀

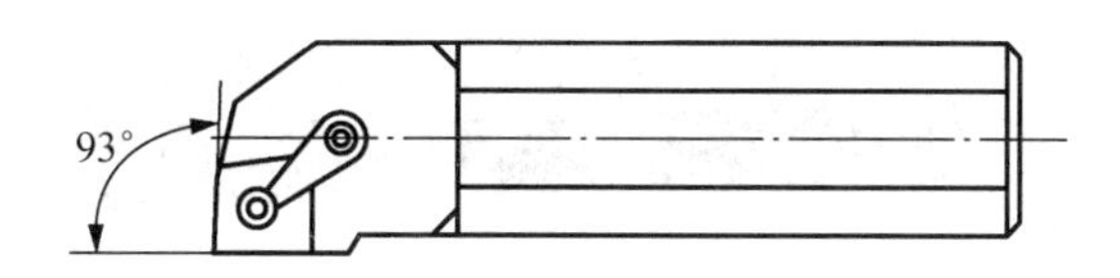

（b）不通孔车刀

图 4-2　刀具示意图

（3）内径测量量具

1）游标卡尺。

2）内径千分尺，如图 4-3 所示。

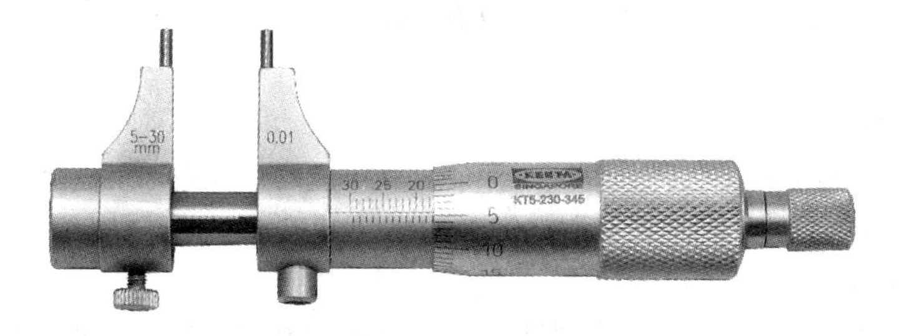

图 4-3　内径千分尺

内径千分尺的分尺刻线方向和外径千分尺相反。应注意的是，离开工件读数前应先锁紧螺杆再进行读数。测量时应避免温度影响，减少测量时间。

3）内径百分表，如图 4-4 所示。

测量前根据孔径大小更换内径百分表的测量头。根据被测尺寸调整内径百分表的零位，摆动内径百分表，得到的最小值为孔径的实际尺寸。

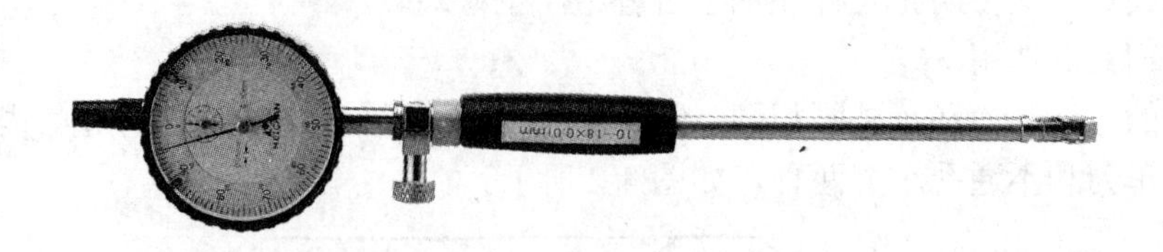

图 4-4　内径百分表

4）塞规，如图 4-5 所示。塞规由通端和止端组成，通端按下极限尺寸制成，止端按上极限尺寸制成，当通端能进入工件，止端不能进入时，说明该工件合格。

图 4-5　塞规

4. 确定加工参数

加工参数的确定取决于实际加工经验、工件的加工精度及表面质量、工件的材料性质、刀具的种类及形状、刀柄的刚性等诸多因素。

（1）主轴转速 n

根据实际情况，粗加工的主轴转速选 400～600r/min，精加工的转速选 800～1000r/min。

（2）进给量 F

粗加工时，为了提高生产效率，在保证工件质量的前提下，可选择较高的进给量，一般取 0.1mm/r，精加工时进给量取 0.03mm/r。

（3）背吃刀量

背吃刀量根据车床与刀具的刚性及加工精度来确定，粗加工的背吃刀量一般取 1～4mm（半径值），精加工的背吃刀量等于精加工余量，一般取 0.1～0.4mm（半径值）。

5. 填写数控加工工艺卡

填写数控加工工艺卡，如表 4-1 所示。

表 4-1　数控加工工艺卡

<table>
<tr><td>零件名称</td><td colspan="4">通孔加工</td><td colspan="2">工作场地</td><td colspan="2">数控车间</td></tr>
<tr><td>零件材料</td><td colspan="4">45 钢</td><td colspan="2">使用设备和系统</td><td colspan="2">CK6140 FANUC</td></tr>
<tr><td>工序</td><td>名称</td><td colspan="7">工艺要求</td></tr>
<tr><td>1</td><td>下料</td><td colspan="7">—</td></tr>
<tr><td rowspan="4">2</td><td rowspan="4">数控车削</td><td>工步</td><td>工步内容</td><td>刀具号</td><td>刀具类型</td><td>主轴转速/(r/min)</td><td>进给量/(mm/r)</td><td>背吃刀量/mm</td></tr>
<tr><td>1</td><td>粗加工孔</td><td rowspan="2">T0101</td><td rowspan="2">通孔车刀</td><td>400</td><td>0.1</td><td>1</td></tr>
<tr><td>2</td><td>精加工孔</td><td>800</td><td>0.03</td><td>0.15</td></tr>
<tr><td>3</td><td>精度检测</td><td></td><td></td><td></td><td></td><td></td></tr>
<tr><td>日期</td><td></td><td colspan="2">加工者</td><td></td><td>审核</td><td></td><td>批准</td><td></td></tr>
</table>

二、编写加工程序

通孔加工的参考程序如表 4-2 所示。

表 4-2　通孔加工的参考程序

段号	程序段	含义
N00	O4001;	程序名
N10	M03　S400　T0101;	主轴正转，转速 400r/min，调用 1 号刀
N20	G00　X22　Z3　M08;	快速定位，切削液开启
N30	G71　U1.0　R0.5;	内孔粗加工，背吃刀量为 1mm，退刀 0.5mm
N40	G71　P50　Q70　U-0.3　W0　F0.1;	精加工余量 *X* 为-0.3mm（直径值）
N50	G01　X25　Z3　F0.03　S800;	*X* 向进刀到 25mm，精加工进给量 0.03mm，转速 800r/min
N60	Z-33;	直线插补至 *Z* 负向 33mm 处
N70	X22;	退刀
N80	G70　P50　Q70;	精加工
N90	M09;	切削液停止
N100	G00　Z100　X100;	退到换刀点
N110	M30;	程序结束，光标返回程序头

三、加工操作步骤

1）开机，回车床零点，建立车床坐标系（有些车床不要此操作）。

2）用自定心卡盘夹持毛坯外圆并找正，露出加工部位的长度约 20mm，一次性完成零件的粗、精加工。

3）安装好车刀。镗孔车刀刀尖应对准工件中心或略高一些的位置，刀杆应与工件轴心平行，刀杆伸出长度尽可能短，一般比孔深长 5～10mm，装好后让镗刀在孔内空走一遍。

4）车端面。

5）打中心孔。

6）输入程序并校验（校验时将车床锁住，在空运行模式下进行）。

7）试切对刀，建立坐标系（内表面加工 X 向对刀与外轮廓加工相反，它先用内孔刀切工件的内表面，然后测量内表面直径，输入 X 值，Z 向对刀与外轮廓对刀一样）。

8）在磨耗中设置加工余量（如设置余量-0.3）。

9）在编辑模式下按下“RESET”键，光标自动回到程序开始位置，按下“AUTO”键、“循环启动”键即可加工。

10）实测零件尺寸值，调整磨耗，再进行一次精加工，以保证尺寸精度。

11）清理车床和实训场地，根据车间管理规定和操作规程，把车床打扫干净并进行保养，将工具、量具及刀具按 7S 规定放在指定位置，将车床周围及过道清理干净（扫地、拖地）。

12）关机：使刀架返回零点，逆时针旋转“紧急停止”旋钮，关闭系统电源，关闭车床电源。

注意：对于初学者来说，首先最好选择单段运行方式加工，在按下“AUTO”键后，接着按下“单段执行”键，单段运行指示灯亮，然后按下“循环启动”键，每运行完一段再重复按下一次“循环启动”键。经观察，如果确能保证程序及对刀等操作均无误，则可终止单段运行，转入自动运行，具体操作为再次按下“单段执行”键，单段运行指示灯灭，按下“AUTO”键，再按下“循环启动”键，即可进行自动加工。

任务二　加工阶梯孔、不通孔类零件

任务目标

熟悉阶梯孔、不通孔类零件的加工工艺知识。

任务描述

本任务完成图 4-6 所示的阶梯孔、不通孔零件的加工。

任务分析

1. 零件图样分析

加工如图 4-6 所示的零件，毛坯为 45 钢、尺寸为ϕ45mm×50mm。

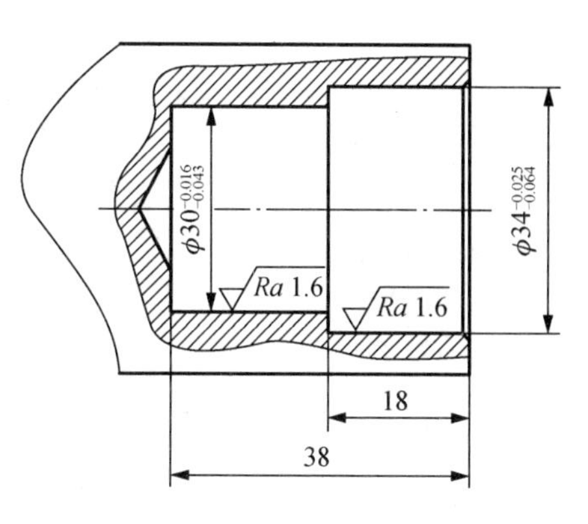

图 4-6　阶梯孔、不通孔零件图

2. 精度分析

（1）尺寸精度

本任务中尺寸精度较高的尺寸主要有孔$\phi30_{-0.043}^{-0.016}$、$\phi34_{-0.064}^{-0.025}$。对于尺寸精度要求，主要通过在加工过程中的准确对刀、正确设置磨耗，以及正确制定合适的加工工艺等措施来保证。

（2）表面粗糙度

本任务中孔加工后的表面粗糙度要求为 1.6μm。对于加工后表面的粗糙度情况，主要通过选用合适的刀具及几何参数，正确的粗、精加工路线，合理的切削用量及冷却等措施来保证。

任务实施

一、分析和制定加工工艺

数控加工工艺卡如表 4-3 所示。

表 4-3　数控加工工艺卡

零件名称		阶梯孔、不通孔加工			工作场地	数控车间		
零件材料		45 钢			使用设备和系统	CK6140 FANUC		
工序	名称	工艺要求						
1	下料	—						
2	数控车削	工步	工步内容	刀具号	刀具类型	主轴转速/（r/min）	进给量/（mm/r）	背吃刀量/mm
		1	平端面	T0101	93° 外圆车刀	1000	0.2	0.5
		2	打中心孔	—	A3 中心钻	1200	—	—
		3	手动钻孔	—	ϕ22mm 钻头	300	—	—
		4	粗加工阶梯孔	T0202	不通孔车刀	600	0.2	1
		5	精加工阶梯孔	T0202	不通孔车刀	800	0.1	0.3
		6	精度检测					
日期			加工者		审核		批准	

二、编写加工程序

阶梯孔、不通孔加工的参考程序如表 4-4 所示。

表 4-4　阶梯孔、不通孔加工的参考程序

段号	程序段	含义
N00	O4002;	程序名
N10	M03　S600　T0202;	主轴正转，转速 600r/min，调用 2 号刀
N20	G00　X22　M08;	快速定位，切削液开启
N30	G71　U1.0　R0.5;	内孔粗加工，切深为 1mm，退刀 0.5mm
N40	G71　P50　Q90　U-0.3　W0.05　F0.2;	精加工余量，*X* 向为-0.3mm（直径值）
N50	G01　X34.0　Z3　F0.1　S800;	精加工进给量 0.03mm/r，主轴转速 800r/min
N60	Z-18;	直线插补至 *Z* 负向 18mm 处
N70	X30;	直线插补至 *X* 正向 30mm 处
N80	Z-38;	直线插补至 *Z* 负向 38mm 处
N90	X22;	退刀
N100	G70　P50　Q90　F0.1;	精加工
N110	M09;	切削液停止
N120	G00　X100　Z100;	退到换刀点
N130	M30;	程序结束，光标返回程序头

三、加工操作步骤

具体内容同本项目任务一的“加工操作步骤”，这里不再赘述。

知识拓展

按华中系统编写的加工程序与按 FANUC 系统编写程序的不同点在于 G71 格式的不同，用华中系统编写的本任务的参考程序，如表 4-5 所示。

表 4-5　用华中系统编写的本任务的参考程序

段号	程序段	含义
N00	O4002;	程序名
N10	%4002;	
N20	M3　S600　T0202;	主轴正转，转速 600r/min，调用 2 号刀
N30	G00　X22　M08;	快速定位，切削液开启
N40	G71　U1.0　R0.5　P50　Q90　U-0.3　W0.05　F0.2;	内孔粗加工，切深为 1mm，退刀 0.5mm；精加工余量 *X* 向为 0.3mm（直径值）
N50	G01　X34.0　Z3　F0.1　S800;	精加工进给量为 0.1mm/r，主轴转速 800r/min
N60	Z-18;	直线插补至 *Z* 负向 18mm 处

续表

段号	程序段	含义
N70	X30;	直线插补至 X 正向 30 mm 处
N80	Z–38;	直线插补至 Z 负向 38 mm 处
N90	X22;	退刀
N100	M09;	切削液停止
N110	G00　X100　Z100;	退刀到换刀点
N120	M30;	程序结束，光标返回程序头

任务三　内轮廓综合加工

任务目标

熟悉内轮廓综合加工的工艺，掌握加工方法。

任务描述

本任务完成图 4-7 所示的零件的加工。

任务分析

1. 零件图样分析

加工如图 4-7 所示的零件，毛坯为 45 钢。

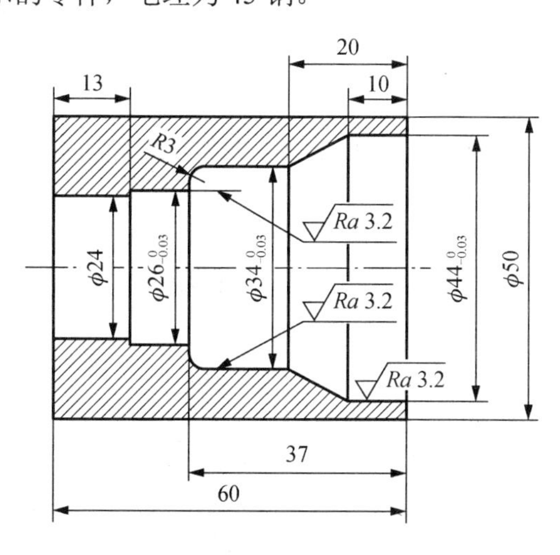

图 4-7　内轮廓综合加工零件图

2．精度分析

（1）尺寸精度

本任务中尺寸精度较高的尺寸主要有孔$\phi26_{-0.03}^{\ 0}$、$\phi34_{-0.03}^{\ 0}$、$\phi44_{-0.03}^{\ 0}$。对于尺寸精度要求，主要通过在加工过程中的准确对刀、正确设置磨耗，以及正确制定合适的加工工艺等措施来保证。

（2）表面粗糙度

本任务中孔加工后的表面粗糙度要求为3.2μm。对于加工后表面的粗糙度情况，主要通过选用合适的刀具及几何参数，正确的粗、精加工路线，合理的切削用量及冷却等措施来保证。

知识链接▶

1．内孔车刀的对刀操作流程

1）在MDI模式下输入“M03　S400”，按下“循环启动”键，使主轴旋转。

2）*Z* 向对刀：使用手轮模式，移动刀架，使刀具刚好接触零件端面或在端面切削一刀，使刀尖跟端面相切，在刀偏表对应刀号中输入“Z0”，完成 *Z* 向对刀。

3）*X* 向对刀：使用手轮模式，移动刀架，使刀具进给移动至零件预钻孔，车削内孔约5mm深，再沿进给方向反向退出，主轴停止转动，用游标卡尺测量已加工内孔的直径值，在刀偏表对应刀号中输入 *X* 测量值，完成 *X* 向对刀。

4）在刀具补偿表中对应刀号 *X* 磨损栏中输入“-0.3”，确定输入。

5）在刀具补偿表中对应刀号“半径”栏中输入内孔刀刀尖圆弧半径值“0.4”，在“刀尖方位”栏输入刀尖方位号“2”。

2．车内孔关键技术

孔类零件加工的关键是解决内孔车刀的刚性和排屑问题。

（1）增加内孔车刀的刚性

增加内孔车刀的刚性，主要采用以下两项措施。

1）尽量增加刀杆的截面面积，让内孔车刀的刀尖位于刀杆的轴线上，这样刀杆的截面面积就可以最大限度地增加。

2）刀杆的伸出长度尽可能缩短，刀杆伸出长度只要略大于孔深即可，且要求刀杆的伸出长度根据孔深度加以调整。

（2）解决排屑问题

解决排屑的方法主要是控制切屑流出方向，精车通孔时要求切屑流向加工表面，可采用正倾角的内孔车刀；加工不通孔时应采用负倾角，使切屑从孔口排出。

(3) 尺寸的控制

在程序中当粗车程序运行完后，刀具返回换刀点，主轴停止、程序暂停，操作者用内径千分尺测量内圆，测量结果与精车余量比较得出差值，把差值输入刀补的磨耗栏，继续运行程序，以保证内圆尺寸在公差范围内。

3. 车孔时的注意事项

1）车孔前，车刀必须先在孔内试走一次，防止刀杆与内孔相碰。
2）内孔车刀装夹时，刀尖必须和工件轴线等高。
3）精车内孔，车刀必须保持锋利，否则容易产生让刀，把孔车成锥形。
4）若视线受到影响，可以通过手感和听觉来判断车削情况。

任务实施

一、分析和制定加工工艺

数控加工工艺卡如表4-6所示。

表4-6　数控加工工艺卡

零件名称		内轮廓加工		工作场地		数控车间	
零件材料		45钢		使用设备和系统		CK6140 FANUC	
工序	名称	工艺要求					
1	下料	—					
2	数控车削	工步	工步内容	刀具号	刀具类型	主轴转速/（r/min）	进给量/（mm/r）	背吃刀量/mm
		1	平端面	T0101	93°外圆车刀	1000	0.2	0.5
		2	打中心孔	—	A3中心钻	1200	—	—
		3	手动钻孔	—	ϕ22mm钻头	300	—	—
		4	粗加工内轮廓	T0202	不通孔车刀	600	0.2	1
		5	精加工内轮廓	T0202	不通孔车刀	800	0.1	0.3
		6	精度检测					
日期			加工者		审核		批准	

二、编写加工程序

内轮廓加工的参考程序如表4-7所示。

表4-7　内轮廓加工的参考程序

段号	程序段	含义
N00	O4003;	程序名

续表

段号	程序段	含义
N10	M03 S600 T0202;	主轴正转，转速600r/min，调用2号刀
N20	G00 X18.0 Z3.0 M08;	快速定位，切削液开启
N30	G71 U1.0 R0.5;	内孔粗加工，切深为1mm，退刀0.5mm
N40	G71 P50 Q140 U-0.3 W0.05 F0.2;	精加工余量，X负向为0.3mm（直径值），Z向加工余量为0.05mm
N50	G01 X44.0 Z3 F0.1 S800;	精加工进给量0.1mm，主轴转速800r/min
N60	Z-10;	直线插补至Z负向10mm处
N70	X34.0 Z-20;	直线插补加工圆锥面
N80	Z-34.0;	加工ϕ34圆柱面
N90	G03 X28.0 Z-37.0 R3;	R3圆弧加工
N100	G01 X26;	直线插补至X正向26.0mm处
N110	Z-47.0;	加工ϕ26圆柱
N120	X24;	
N130	Z-60.5;	加工ϕ24圆柱
N140	X18.0;	退刀
N150	G70 P50 Q140;	精加工
N160	M09;	切削液停止
N170	G00 Z100 X100;	退到换刀点
N180	M30;	程序结束，光标返回程序头

三、操作步骤

具体内容同本项目任务一的“加工操作步骤”，这里不再赘述。

项目五

加工成形面类零件

学习目标

（1）掌握成形面类零件加工编程的方法。
（2）熟悉成形面类零件加工的工艺。
（3）掌握成形面类零件的加工方法和技巧。

任务一　加工凹圆弧面零件

任务目标

熟悉凹圆弧面零件加工工艺，掌握加工方法和技巧。

任务描述

本任务完成图 5-1 所示的凹圆弧面零件的加工。

任务分析

1. 零件图样分析

加工如图 5-1 所示的零件，毛坯尺寸为ϕ45mm×90mm。由于 R20 是凹圆弧，故选用刀具的副偏角应大于 15°，谨防副切削刃与加工表面产生干涉现象。因 G71 指令只适合加工零件尺寸单调变化的零件，故此零件不能采用 G71 指令来独立完成，R20 可单独采用子程序调用配合完成零件加工，其他部分用 G71 指令加工。

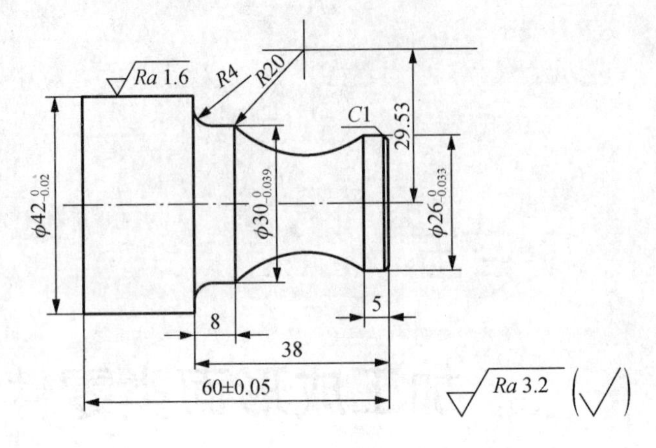

图 5-1　凹圆弧面零件图

2. 精度分析

（1）尺寸精度

本任务中精度要求较高的尺寸主要有外圆 $\phi26_{-0.033}^{0}$、$\phi30_{-0.039}^{0}$、$\phi42_{-0.02}^{0}$，长度尺寸 60±0.05 等。对于尺寸精度要求，主要通过在加工过程中的准确对刀、正确设置刀补及磨耗，以及正确制定加工工艺等措施来保证。

（2）表面粗糙度

本任务中外圆表面的表面粗糙度要求为 1.6μm，圆弧面及其他表面的粗糙度为 3.2μm。对于表面粗糙度要求，主要通过选用合适的刀具及几何参数，正确的粗、精加工路线，合适的切削用量及冷却等措施来保证。

知识链接

1. 刀尖圆弧半径补偿指令

（1）功能

数控程序是针对刀具上的某一点（即刀位点），按工件轮廓尺寸编制的。车刀的刀位点一般为理想状态下的假想尖点或刀尖圆弧圆心点。为了提高刀具寿命和降低加工表面粗糙度，通常将刀尖磨成半径较小的圆弧（圆弧半径一般在 0.4～1.6mm）。

切削时实际起作用的切削刃是圆弧的各切点，这势必会产生加工表面的形状误差。刀尖圆弧半径补偿功能就是用来补偿由刀尖圆弧引起的工件形状误差的。

（2）指令格式

格式：G40(G41/G42)　G00(G01)　X_Z_F_;

（3）指令说明

1）在进行刀尖圆弧半径补偿时，刀具和工件的相对位置不同，刀尖半径补偿所用

的 G 指令也不同，具体规定如下（图 5-2）：

G40：取消半径补偿，刀尖轨迹与编程轨迹一致。

G41：半径左补偿，沿着刀具运动方向看，刀具在工件编程轨迹左边。

G42：半径右补偿，沿着刀具运动方向看，刀具在工件编程轨迹右边。

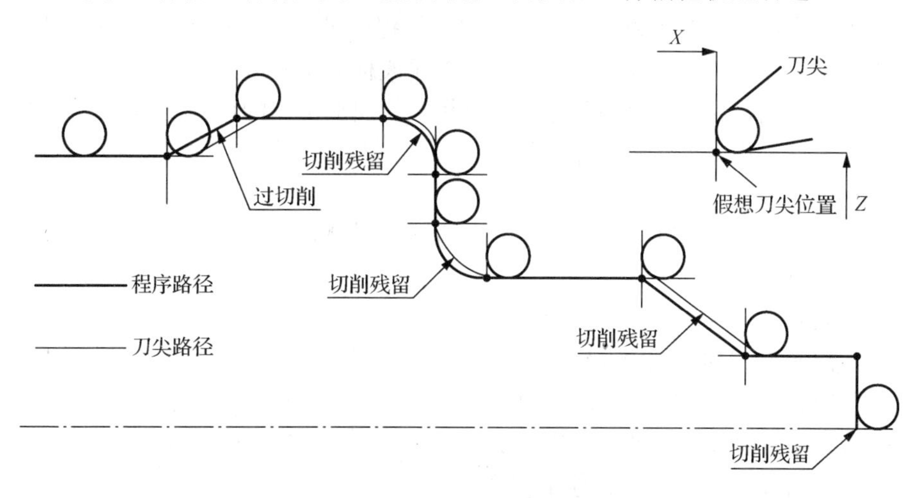

图 5-2　半径补偿示意图

2）G41/G42 不带参数，其补偿号（代表所用刀具对应的刀尖半径补偿值）由 T 代码指定。

3）G41、G42 不能重复使用，在程序中应用了 G41、G42 后，不能继续使用 G41、G42 指令，必须先用 G40 指令取消补偿状态，才可再次使用 G41 或 G42。

半径补偿的两种情况如图 5-3 所示。

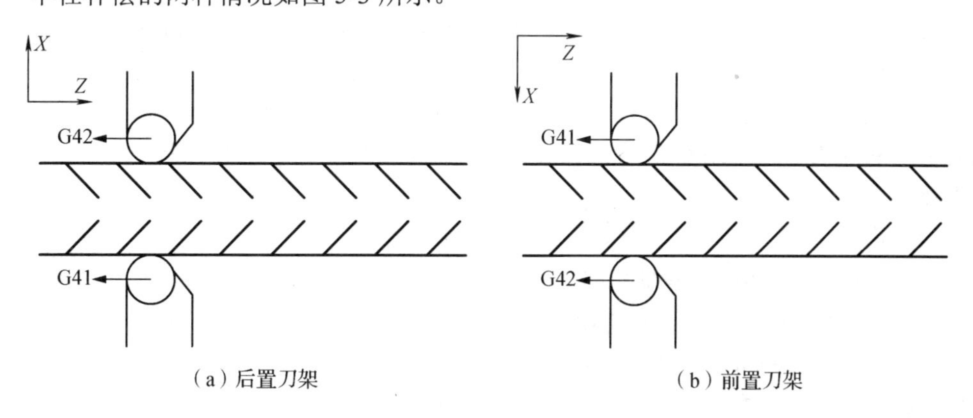

图 5-3　半径补偿的两种情况

注意：刀尖补偿的建立与取消只能用于 G00 或 G01 指令，不能用于 G02 或 G03。

2. 子程序调用

车床的加工程序可分为主程序和子程序两种。主程序是一个完整的零件加工程序，它与被加工零件一一对应，不同的零件有唯一的主程序与之对应。

当在程序中出现多次重复使用某一组固定的程序段时，为简化编程，可将这一组程序段作为固定程序，并单独加以命名，这组程序段称为子程序。子程序一般不能作为独立的加工程序使用，只能通过主程序进行调用，实现加工中的局部动作，子程序执行结束后，自行返回调用它的主程序中。

（1）功能

子程序调用指令为M98，子程序调用结束指令为M99。

（2）指令格式

格式：M98　P__L__;

注意：M99使用时格式为M99。

例如：M98　PO0001　L10，其中，P为要调用的子程序号，L为要调用的子程序的次数，若省略，则表示只调用一次（O0001表示子程序号，10表示调用10次）。被主程序调用的子程序还可以调用其他子程序。

在FANUC系统中，子程序的格式与主程序的格式基本相同，仅结束标记不同，主程序用M30结束，而子程序则用M99表示子程序结束，并实现自动返回主程序功能。

注意：在编写子程序的过程中，最好采用增量坐标方式进行编程，以免失误。

3. 成形加工复合循环

（1）功能

成形加工复合循环又称为固定形状粗车循环，它适用于加工铸、锻件毛坯件。通常为了节约材料，提高轴类零件的力学性能，往往采用锻造等方法使零件毛坯尺寸接近工件的成品尺寸，其形状已经基本成形，只是外径、长度留有加工余量，较成品大一些。此类零件的加工适合采用G73方式。当然，G73方式也可用于加工普通未切除余料的棒料毛坯。

（2）指令格式

格式：G73　U(Δi)__W(Δk) __R(Δd) __;

　　　G73　P(ns)__Q(nf)__U(Δu)__W(Δw)__F__S__T__;

G73指令示意图如图5-4所示。

其中：Δi——X向毛坯切除余量（半径值、正值）；

　　Δk——Z向毛坯切除余量（正值）；

　　Δd——粗切循环的次数；

　　ns——精加工描述程序开始循环程序段的行号；

nf——精加工描述程序结束循环程序段的行号；

Δu——*X* 向精车预留量；

Δw——*Z* 向精车预留量。

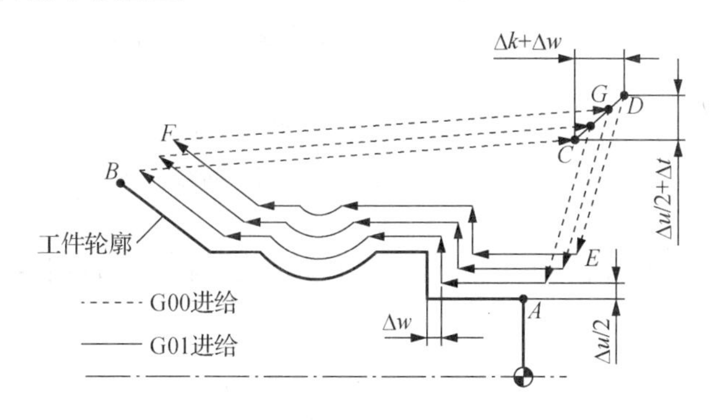

图 5-4　G73 指令示意图

（3）其他说明

1）G73 指令中所描述的精加工走刀路线应该是一个封闭曲线。

2）G73 指令可用于带根切零件的加工。

3）G73 指令用于未切除余量的棒料切削时，会有较多的空刀行程，因此应尽可能使用 G71 指令切除余量。

4）G73 指令加工内孔时，必须注意是否有足够的退刀空间，否则会发生干涉。

任务实施

一、分析和制定加工工艺

1. 编程原点的确定

为方便编程，该工件的编程原点设在工件的右端面与主轴轴线的交点上。

2. 加工方案与加工路线

（1）选择数控车床及数控系统

根据工件的形状及加工要求，选用 CK6140 数控车床进行加工。数控系统选用 FANUC 系统。

（2）制定加工方案与加工路线

采用一次装夹完成零件粗、精加工，然后切断。

注意： 进行数控加工时，加工的起点设在离工件毛坯较近的位置，尽可能采用轴向切削方式进行加工，以提高加工过程中工件与刀具的刚性。

3. 工件定位、装夹与刀具的选用

（1）工件的定位与装夹

工件采用自定心卡盘进行定位装夹。当掉头加工另一端时，采用一夹一顶的装夹方式。

工件装夹时夹紧力要适中，既要防止工件变形与夹伤，又要防止工件在加工过程中产生松动。工件装夹过程中，应确保工件轴线与主轴轴线同轴。

（2）刀具选用

根据实习条件，可选用整体式或机夹式车刀，刀片材料均选用硬质合金。

4. 制定加工工艺

填写数控加工工艺卡，如表 5-1 所示。

表 5-1 数控加工工艺卡

<table>
<tr><td colspan="2">零件名称</td><td colspan="3">凹圆弧面加工</td><td>工作场地</td><td colspan="3">数控车间</td></tr>
<tr><td colspan="2">零件材料</td><td colspan="3">45 钢</td><td>使用设备和系统</td><td colspan="3">CK6140 FANUC</td></tr>
<tr><td>工序</td><td>名称</td><td colspan="7">工艺要求</td></tr>
<tr><td>1</td><td>下料</td><td colspan="7">—</td></tr>
<tr><td rowspan="5">2</td><td rowspan="5">数控车削</td><td>工步</td><td>工步内容</td><td>刀具号</td><td>刀具类型</td><td>主轴转速/（r/min）</td><td>进给量/（mm/r）</td><td>背吃刀量/mm</td></tr>
<tr><td>1</td><td>粗加工外圆轮廓</td><td>T0101</td><td>90° 外圆粗车刀</td><td>800</td><td>0.3</td><td>1.5</td></tr>
<tr><td>2</td><td>粗加工 R20 凹圆弧</td><td>T0202</td><td>93° 外圆粗车刀</td><td>500</td><td>0.2</td><td>1</td></tr>
<tr><td>3</td><td>精加工外圆轮廓</td><td>T0303</td><td>93° 外圆精车刀</td><td>1200</td><td>0.15</td><td>0.2</td></tr>
<tr><td>4</td><td>精度检测</td><td></td><td></td><td></td><td></td><td></td></tr>
<tr><td colspan="2">日期</td><td></td><td>加工者</td><td></td><td>审核</td><td></td><td>批准</td><td></td></tr>
</table>

二、编写加工程序

凹圆弧面加工的参考程序如表 5-2 所示。

表 5-2 凹圆弧面加工的参考程序

段号	程序段	含义
N00	O5001;	程序名
N10	M03 S800 T0101;	主轴正转，转速 800r/min，调用 1 号刀
N20	G00 X47.0 Z3.0 M08;	快速定位，切削液开启
N30	G71 U1.0 R0.5;	粗加工，切深为 1mm，退刀 0.5mm

续表

段号	程序段	含义
N40	G71　P50　Q100　U0.5　W0.1　F0.3;	精加工余量，*X* 向为 0.5mm（直径值）
N50	G01　X26.0　Z3.0;	
N60	Z-5.0;	
N70	X30.0　Z-30.0;	
N80	Z-34.0;	
N90	G02　X38.0　Z-38.0　R4.0;	
N100	G01　X47.0;	
N110	G00　X100.0　Z100.0　M05　M09;	
N120	T0202;	换外圆尖刀加工圆弧
N130	G00　X38.2　Z-5.0　S500　F0.2　M03　M08;	
N140	M98　P0501　L4;	子程序调用 4 次
N150	G00　X100.0　Z100.0　M05　M09;	退换刀点
N160	T0303;	换外圆精加工刀，对轮廓进行精加工
N170	G00　X22.0　Z1.0　S1200　M03　M08;	
N180	G01　X26.0　Z-1.0　F0.15;	
N190	Z-5.0;	
N200	G02　X30.0　Z-30.0　R20.0;	
N210	G01　X34.0;	
N220	G02　X38.0　Z-38.0　R4;	
N230	X42.0;	
N240	Z-65.0;	
N250	G00　X100.0　Z100.0　M05　M09;	
N260	M30;	结束
子程序		
N00	O0501;	子程序名
N10	G01　U-3;	每次 *X* 向尺寸减 3mm
N20	G02　U4.0　W-25.0　R20.0;	*R*20 圆弧加工
N30	G01　U-4.0　W25.0;	回到圆弧加工起点
N40	M99;	调用结束

三、加工操作步骤

1）开机回车床参考点，建立车床坐标系（有些车床不要此操作）。

2）用自定心卡盘夹持毛坯外圆并找正，露出加工部位的长度约 80mm，一次性完成零件的粗、精加工。

3）安装好车刀。外圆车刀刀尖应与工件中心等高，刀杆伸出长度尽可能短，一般为刀柄厚度的 1～1.5 倍。

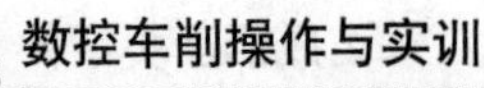

4）输入程序并校验（校验时将车床锁住，在空运行模式下进行）。

5）试切对刀，建立坐标系（内表面加工 *X* 向对刀与外轮廓加工相反，它用内孔刀切工件的内表面，然后测量内表面直径，输入 *X* 值，*Z* 向对刀与外轮廓对刀一样）。

6）在磨耗中设置加工余量（如设置余量为 0.3mm）

7）在编辑模式下按下“RESET”键，光标自动回到程序开始位置，按下“AUTO”键、“循环启动”键即可加工。

8）实测零件尺寸值，调整磨耗，再精加工一刀，以保证尺寸精度。

9）清理车床和实训场地，根据车间管理规定和操作规程，把车床打扫干净并进行保养，将工具、量具及刀具按 7S 规定放在指定位置，将机床周围及过道清理干净（扫地、拖地）。

10）关机：刀架返回参考点、逆时针旋转“紧急停止”旋钮，关闭系统电源，关闭车床电源。

任务二　加工凸圆弧面零件

任务目标

熟悉凸圆弧面零件加工工艺，掌握其工件加工方法。

任务描述

本任务完成图 5-5 所示的凸圆弧面零件的加工。

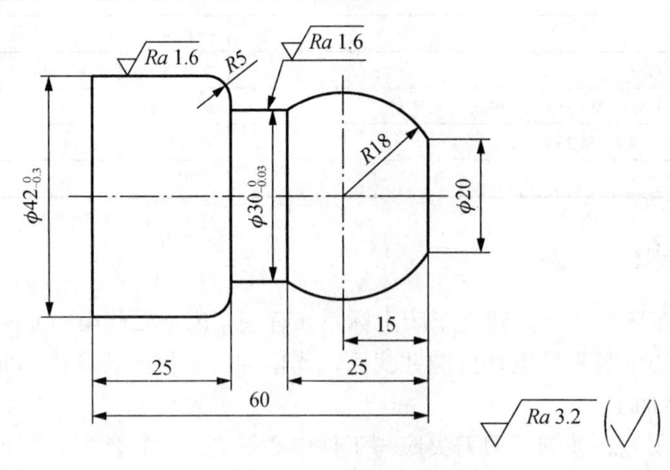

图 5-5　凸圆弧面零件图

任务分析

1. 零件图样分析

加工如图 5-5 所示零件，毛坯尺寸为ϕ45mm×90mm，因 G71 指令只适合加工零件尺寸单调变化的零件，故此零件不能采用 G71 指令独立完成，可采用子程序调用配合完成零件加工。凸圆弧左半部分到$\phi30_{-0.03}^{0}$的一段可采用子程序调用单独加工，其他部分可采用 G71 循环指令进行粗加工。

2. 精度分析

（1）尺寸精度

本任务中精度要求较高的尺寸主要有外圆$\phi30_{-0.03}^{0}$和$\phi42_{-0.3}^{0}$。对于尺寸精度要求，主要通过在加工过程中的准确对刀、正确设置刀补及磨耗，以及正确制定加工工艺等措施来保证。

（2）表面粗糙度

本任务中外圆表面的表面粗糙度要求为 1.6μm，圆弧面及其他表面的粗糙度为 3.2μm。对于表面粗糙度要求，主要通过选用合适的刀具及几何参数，正确的粗、精加工路线，合适的切削用量及冷却等措施来保证。

任务实施

一、分析和制定加工工艺

1. 编程原点的确定

为方便编程，该工件的编程原点设在工件右端面与主轴轴线的交点上。

2. 加工方案与加工路线

采用一次装夹完成零件粗、精加工，然后切断。

3. 工件定位、装夹与刀具的选用

（1）工件的定位与装夹

工件采用自定心卡盘进行定位装夹。当掉头加工另一端时，采用一夹一顶的装夹方式。工件装夹时夹紧力要适中，既要防止工件变形与夹伤，又要防止工件在加工过程中产生松动。在工件装夹过程中，要确保工件轴线与主轴轴线同轴。

（2）刀具选用

根据实习条件，可选用整体式或机夹式车刀，刀片材料均选用硬质合金。

4. 制定加工工艺

填写数控加工工艺卡，如表 5-3 所示。

表 5-3 数控加工工艺卡

<table>
<tr><td colspan="2">零件名称</td><td colspan="3">凸圆弧面加工</td><td colspan="2">工作场地</td><td colspan="2">数控车间</td></tr>
<tr><td colspan="2">零件材料</td><td colspan="3">45 钢</td><td colspan="2">使用设备和系统</td><td colspan="2">CK6140 FANUC</td></tr>
<tr><td>工序</td><td>名称</td><td colspan="7">工艺要求</td></tr>
<tr><td>1</td><td>下料</td><td colspan="7">—</td></tr>
<tr><td rowspan="6">2</td><td rowspan="6">数控车削</td><td>工步</td><td>工步内容</td><td>刀具号</td><td>刀具类型</td><td>主轴转速/（r/min）</td><td>进给量/（mm/r）</td><td>背吃刀量/mm</td></tr>
<tr><td>1</td><td>粗加工外轮廓</td><td>T0101</td><td>外圆粗车刀</td><td>800</td><td>0.3</td><td>1.5</td></tr>
<tr><td>2</td><td>粗加工 R18 圆弧</td><td>T0202</td><td>外圆粗车刀</td><td>500</td><td>0.2</td><td>1</td></tr>
<tr><td>3</td><td>精加工外圆轮廓</td><td>T0303</td><td>93° 外圆车刀</td><td>1200</td><td>0.15</td><td>0.2</td></tr>
<tr><td>4</td><td>割断保证总长</td><td>T0404</td><td>割刀</td><td>400</td><td>0.1</td><td>—</td></tr>
<tr><td>5</td><td>精度检测</td><td></td><td></td><td></td><td></td><td></td></tr>
<tr><td colspan="2">日期</td><td></td><td>加工者</td><td></td><td>审核</td><td></td><td>批准</td><td></td></tr>
</table>

二、编写加工程序

凸圆弧面加工的参考程序如表 5-4 所示。

表 5-4 凸圆弧面加工的参考程序

段号	程序段	含义
N00	O5002;	程序名
N10	M03 S800 T0101;	主轴正转，转速 800r/min，调用 1 号刀
N20	G00 X47.0 Z3.0 M08;	快速定位，切削液开启
N30	G71 U1.0 R0.5;	内孔粗加工，切深为 1mm，退刀 0.5mm
N40	G71 P50 Q110 U0.5 W0.1 F0.3;	精加工余量，*X* 向为 0.5mm（直径值）
N50	G00 X20.0 Z3.0;	
N60	G10 Z0.0 F0.15;	直线插补至 Z 负向 33mm，精加工进给量为 0.15mm/r
N70	G03 X36.0 Z-15.0 R18.0;	
N80	G01 Z-35.0;	
N90	X42.0;	
N100	G01 Z-60.0;	
N110	X45.0;	

续表

段号	程序段	含义
N120	G00　X100.0　Z100.0　M05　M09;	
N130	T0202;	
N140	G00　X43.0　Z-15.0　S500　M03　M08;	
N150	M98　P0502　L4;	调用子程序 O0502，循环 4 次
N160	G00　X100.0　Z100.0　M05　M09;	
N170	T0303;	精加工 93°外圆车刀
N180	G00　X20.0　Z2.0　S1200　M03　M08;	
N190	G01　Z0.0　F0.1;	
N200	G03　X30.0　Z-25.0　R18.0;	
N210	G01　Z-35.0　F0.15;	
N220	X32.0;	
N230	G03　X42.0　Z-40.0　R18.0;	
N240	G01　Z-35.0;	
N250	G01　X32.0;	
N260	G03　X42.0　Z-40.0　R5.0;	
N270	Z-60.0;	
N280	G00　X100.0　Z100.0　M05　M09;	
N290	T0404;	割刀刀宽 4mm
N300	G00　Z-64.0　S400　M3　M8;	
N310	X47;	
N320	G01　X-1　F0.1;	
N330	G00　X100　Z100　M05　M09;	
N340	M30;	程序结束，光标返回程序头
	子程序	
N00	O0502;	子程序名
N10	G01　U-3;	
N20	G03　U-6.0　W-10　R18.0;	
N30	G01　W-10.0;	
N40	U2.0;	
N50	G03　U10.0　W-5　R5.0;	
N60	G01　U2.0;	
N70	G00　W25.0;	
N80	G01　U-8.0;	
N90	M99;	子程序结束

三、加工操作步骤

具体步骤同本项目任务一“加工操作步骤”，这里不再赘述。

任务三　加工综合成形面类零件

任务目标

熟悉综合成形面类零件加工工艺，掌握其加工方法及技巧。

任务描述

本任务完成图 5-6 所示的综合成形面零件的加工。

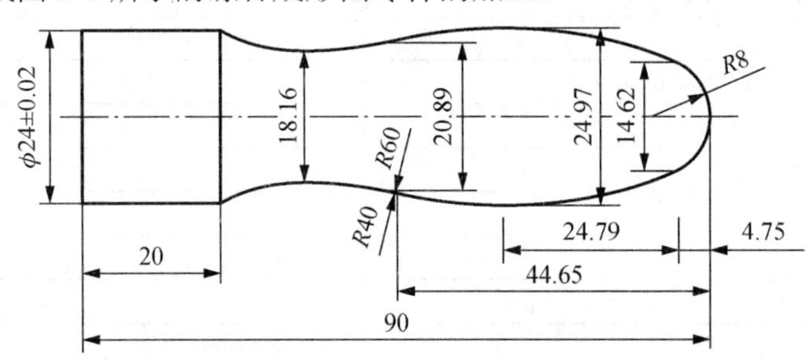

图 5-6　综合成形面零件图

任务分析

加工如图 5-6 所示零件，毛坯尺寸为 ϕ30mm×120mm，根据零件外形轮廓既有凸圆弧又有凹圆弧且光滑连接的特点，除了采用本项目任务一和任务二使用的方法外，还可采用 FANUC 系统的 G73 成形加工复合循环指令。

任务实施

一、分析和制定加工工艺

1. 编程原点的确定

以工件右端面与轴线交点为原点。

2. 轮廓节点坐标的计算

节点坐标常用的计算方法有数值计算法和 CAD、CAXA 等绘图软件作图找点法。通过计算得出 *R*60 与 *R*8、*R*40 处的切点绝对坐标分别为（14.62,−4.75）、（20.8,−44.65）。

3. 制定加工工艺

填写数控加工工艺卡，如表 5-5 所示。

表 5-5　数控加工工艺卡

<table>
<tr><td colspan="2">零件名称</td><td colspan="3">综合成形面加工</td><td colspan="2">工作场地</td><td colspan="2">数控车间</td></tr>
<tr><td colspan="2">零件材料</td><td colspan="3">45 钢</td><td colspan="2">使用设备和系统</td><td colspan="2">CK6140 FANUC</td></tr>
<tr><td>工序</td><td>名称</td><td colspan="7">工艺要求</td></tr>
<tr><td>1</td><td>下料</td><td colspan="7">—</td></tr>
<tr><td rowspan="5">2</td><td rowspan="5">数控车削</td><td>工步</td><td>工步内容</td><td>刀具号</td><td>刀具类型</td><td>主轴转速/（r/min）</td><td>进给量/（mm/r）</td><td>背吃刀量/mm</td></tr>
<tr><td>1</td><td>粗加工外形轮廓</td><td>T0101</td><td>外圆粗车刀</td><td>800</td><td>0.3</td><td>1</td></tr>
<tr><td>2</td><td>精加工外形轮廓</td><td>T0202</td><td>外圆尖刀</td><td>1200</td><td>0.15</td><td>0.2</td></tr>
<tr><td>3</td><td>切断</td><td>T0303</td><td>切断刀</td><td>400</td><td>0.1</td><td>0.2</td></tr>
<tr><td>4</td><td>精度检测</td><td></td><td></td><td></td><td></td><td></td></tr>
<tr><td colspan="2">日期</td><td></td><td>加工者</td><td></td><td>审核</td><td></td><td>批准</td><td></td></tr>
</table>

二、编写加工程序

综合成形面加工的参考程序如表 5-6 所示。

表 5-6　参考程序

段号	程序段	含义
N00	O5003;	程序名
N10	M03　S800　T0101;	主轴正转，转速 800r/min，调用 1 号刀
N20	G00　X47.0　Z3.0　M08;	快速定位，切削液开启
N30	G73　U15　W0　R15;	粗加工余量 15mm，切削 15 次
N40	G71　P50　Q120　U0.5　W0　F0.3;	精加工余量，*X* 向为 0.5mm（直径值）
N50	G00　X0　Z3.0;	
N60	G01　Z0　F0.15;	到编程原点
N70	G03　X14.62　Z-4.75　R8.0;	加工 *R*8 圆弧
N80	G03　X20.89　Z-44.65　R60.0;	加工 *R*60 圆弧
N90	G02　X24.0　Z-70.　R40;	加工 *R*40 圆弧
N100	G01　Z-95.0;	总长多加工了 5mm
N110	X32.0;	*X* 向退刀
N120	G00　X100　Z100.0　M05　M09;	*X* 向退刀
N130	T0202;	
N140	G00　X32.0　Z3.0　S1200　M03　M08;	
N150	G70　P50　Q120;	

续表

段号	程序段	含义
N160	G00 X100.0 Z100.0 M05 M09;	
N170	T0303;	
N180	G00 X26.0 Z-94.0 S400 M03 M08;	
N190	G01 X-1.0 F0.1;	
N200	G00 X100.0 Z100.0 M05 M09;	
N210	M30;	

提示：上述加工方法效率很低，有很多走刀路径并未进行切削，所以可以采用 G71 指令先进行外径粗车循环，保留 *R*60 至 18.16 的圆弧段利用 G73 进行加工，这样可以提高效率。

表 5-7 所示程序是对图 5-6 所示综合成形面的另一种加工方法。

表 5-7 参考程序

段号	程序段	含义
N00	O5003;	程序名
N10	M03 S800 T0101;	主轴正转，转速为 800r/min，调用 1 号刀
N20	G00 X32.0 Z3.0 M08;	
N30	G71 U1.0 R0.5;	
N40	G71 P50 Q100 U0.5 W0.1 F0.3;	
N50	G00 X0 Z3.0;	
N60	G01 Z0 F0.03;	
N70	G03 X14.26 Z-4.75 R8.0;	
N80	G03 X24.97 Z-29.54 R60.0;	
N90	G01 Z-95.0;	
N100	X32;	
N110	G73 U4 W0 R4;	粗加工余量 4mm，切 4 刀
N120	G73 P130 Q190 U0.3 W0 F0.3;	精加工余量，*X* 向为 0.3mm（直径值）
N130	G00 X0 Z3.0;	
N140	G01 Z0 F0.15;	到编程原点
N150	G03 X14.62 Z-4.75 R8.0;	加工 *R*8 圆弧
N160	G03 X20.89 Z-44.65 R60.0;	加工 *R*60 圆弧
N170	G02 X24.0 Z-70.0 R40;	加工 *R*40 圆弧
N180	G01 Z-95.0;	总长多加工了 5mm
N190	X32.0;	*X* 向退刀
N200	G00 X100 Z100.0 M05 M09;	
N210	T0202;	精加工刀

续表

段号	程序段	含义
N220	G00　X32.0　Z3.0　S1200　M03　M08;	
N230	G70　P130　Q190;	
N240	G00　X100.0　Z100.0　M05　M09;	
N250	T0303;	换切断刀
N260	G00　X26.0　Z-94.0　S400　M03　M08;	
N270	G01　X-1.0　F0.1;	
N280	G00　X100.0　Z100.0　M05　M09;	
N290	M30;	结束返回

比较上述两种加工方法的加工特点，便于以后加工方法的选择。

项目六 加工螺纹

学习目标

(1)能够利用 G32、G92、G76 等螺纹指令编写相应的螺纹加工程序。
(2)掌握内外螺纹的加工工艺知识。
(3)具备利用数控车床加工圆柱、圆锥三角形螺纹和梯形螺纹的实践能力。
(4)掌握进行内、外螺纹的测量和检验。

任务一 加工三角形圆柱外螺纹

任务目标

1)掌握三角圆柱外螺纹轴的加工工艺知识。
2)能够运用 G92 指令编制三角圆柱螺纹轴的加工程序。
3)能进行三角形圆柱外螺纹的检验和测量。
4)能够独立完成三角形圆柱外螺纹零件加工。

任务描述

本任务加工如图 6-1 所示的三角形圆柱外螺纹零件。

任务分析

该工件只要进行 M24×1.5 螺纹、4×2 螺纹退刀槽的加工即可,退刀槽精度要求较低。螺纹精度需要使用螺纹环规进行检验。

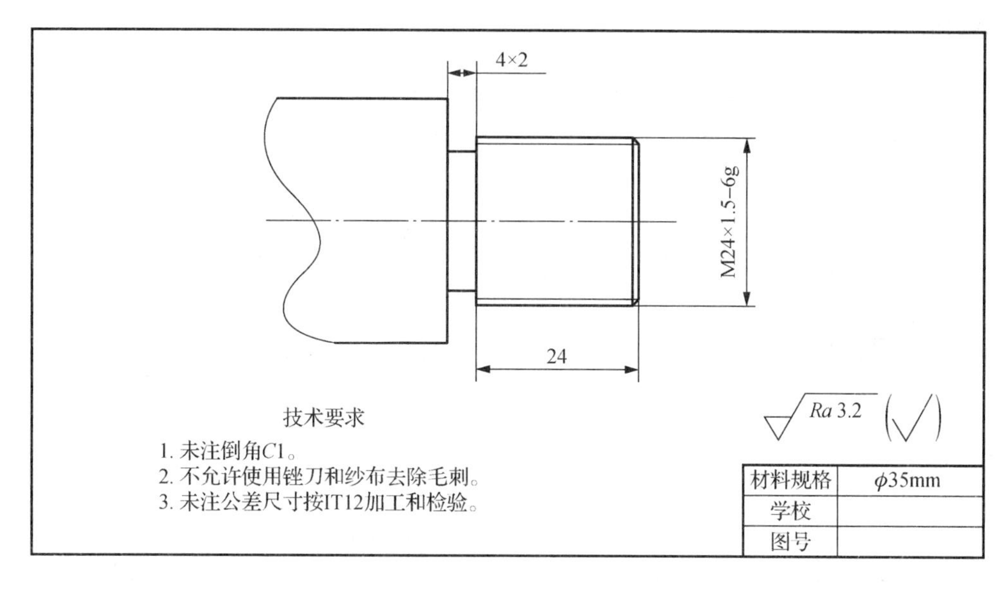

图 6-1 三角形圆柱外螺纹零件图

知识链接

一、螺纹连接

螺纹连接是机械行业中经常采用的连接方法，在日常生活中的应用也十分广泛，在很多连接件中存在各种各样的螺纹。螺纹是圆柱或圆锥表面上沿着螺旋线所形成的具有规定牙型的连续凸起和沟槽。螺纹根据不同分类包括内螺纹和外螺纹、圆柱螺纹和圆锥螺纹、管螺纹和梯形螺纹等。根据国家职业标准对中级数控车床操作工的要求，中级数控车应掌握螺纹的加工，并保证加工精度。螺纹零件如图 6-2 所示。

图 6-2 螺纹零件

二、螺纹加工中的相关参数

1. 常用螺纹的分层切削深度

如果螺纹牙型较深、螺距较大，则需分次进给。常用螺纹的进给次数与背吃刀量可

参考表 6-1。

表 6-1　常用螺纹的进给次数与背吃刀量

螺距/mm		1	1.5	2	2.5	3	3.5	4
牙深(高)/mm		0.649	0.975	1.299	1.624	1.949	2.273	2.598
不同进给次数对应的背吃刀量	1 次	0.7	0.8	1.3	1.4	1.2	1.2	1.5
	2 次	0.4	0.6	0.6	0.7	0.7	0.7	0.8
	3 次	0.2	0.4	0.5	0.4	0.6	0.6	0.6
	4 次	—	0.16	0.1	0.4	0.4	0.4	0.6
	5 次	—	—	0.1	0.3	0.4	0.4	0.4
	6 次	—	—	0.0	0.1	0.4	0.4	0.4
	7 次	—	—	—	0.0	0.2	0.2	0.4
	8 次	—	—	—	—	—	0.15	0.3
	9 次	—	—	—	—	—	—	0.2

2. 车螺纹的进给量

螺纹车削过程中，进给量指令是无效的，螺纹加工中的进给量（mm/min）=主轴转速（r/min）×导程（mm）。另外，螺纹车削有高速车削和低速车削之分，高速车削的主轴转速在 200r/min 以上，使用硬质合金螺纹车刀；低速车削的主轴转速在 200r/min 以下，使用高速钢螺纹车刀。

3. 螺纹起点与螺纹终点径向尺寸的确定

车内螺纹前的孔径可采用下列近似公式计算。

外螺纹小径 d_1：

$$d_1=d-(1.1\sim1.3)P$$

外螺纹大径 d 比公称直径小 0.2～0.4mm，即

$$d=\text{公称直径}-(0.1\sim0.13)P$$

其中：P——螺距。

注意：在各个编程大径与编程小径的经验公式中，已考虑部分直径公差的要求。

4. 螺纹起点与螺纹终点轴向尺寸的确定

由于车螺纹起始时有一个加速过程，结束前有一个减速过程，在这段距离中，螺距不可能保持均匀，因此为了保证车削螺纹时刀具等速移动，应在螺纹加工开始与结束段分别留加速与减速的距离，即加速进刀距离 δ_1 和减速退刀距离 δ_2。一般 $\delta_1=(2\sim3)P$，对

于大螺距和高精度的螺纹需取更大值；一般 $\delta_2=(1\sim2)P$。若没有螺纹退刀槽，则 $\delta_2=0$，这时，该处收尾形状由数控系统功能决定。

三、螺纹加工的方法与校验

对于一般标准螺纹，采用螺纹环规或塞规来测量。在测量外螺纹时，如果螺纹通规T正好能旋进，而螺纹止规Z无法旋进或旋进大约0.5圈停止，则说明所加工的螺纹符合要求；反之，则不合格，需要继续修整加工。如果螺纹止规Z能全部旋进加工螺纹，则此螺纹报废。

另外，也可以使用螺纹千分尺来测量管螺纹，其结构与使用方法和外径千分尺相同，可直接通过测量读出螺纹中径的实际尺寸数值。

四、螺纹刀的安装与对刀方法

螺纹刀的安装方法与外圆刀、切槽刀相同，需注意以下几点：

1）安装前保证刀杆及刀片定位面清洁，无损伤。

2）将刀杆安装在刀架上时，应保证刀杆方向正确。

3）安装刀具时需注意使刀尖等高于主轴的回转中心。

4）车刀不能伸出过长，以免干涉或因悬伸过长而降低刀杆的刚性。

螺纹刀的对刀方法如下：

1）在MDI模式下，调用螺纹刀，按下“主轴正转”键，使主轴旋转。

2）在手动模式下将刀具移至工件附近，距离越近时倍率越小，使螺纹刀的刀尖与已加工好的工件端面平齐，沿 X 轴退出→按下“OFFSETTING”键→补正→形状→输入“Z0”→测量。

3）试切外圆→沿 Z 轴退出→主轴停止→测量切好的外圆直径→按下“OFFSETTING”键→输入 X 直径值（刚刚测量的数值）→测量。

4）刀架移开，退到换刀位置，主轴停转。

五、螺纹加工指令

G92为简单螺纹切削循环指令，又称为螺纹切削单一固定循环指令。该指令可切削圆柱螺纹和圆锥螺纹。

格式：G92　X(U)__Z(W)__F__;（加工圆柱螺纹）

　　　G92　X(U)__Z(W)__R__F__;（加工圆锥螺纹）

其中：X(U)，Z(W)——螺纹的终点绝对/增量坐标值；

F——螺纹的导程；

R——圆锥螺纹切削起点相对于螺纹切削终点的半径差，区分正负号。

下面是以图 6-3 所示零件为例进行螺纹切削编程的示例。

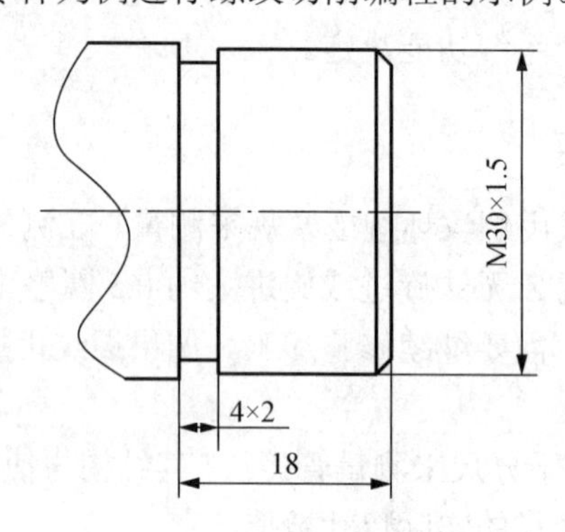

图 6-3　螺纹切削编程示例的零件图

利用 G92 指令编写图 6-3 所示的螺纹加工程序。

```
O0001;(文件名)
M03  S800;
T0101;
G00  X35  Z3;
G92  X29.5  Z-14.5  F1.5;(螺纹循环指令)
X29;
X28.5;
X28.2;
X28.05;
X28.05;
G00  X100;
Z100;
M05;
M30;
```

任务实施

一、分析和制定加工工艺

1. 编程原点的确定

根据编程原点的确定原则，该工件的编程原点取在工件右端面与主轴轴线相交的交点处（采用试切对刀建立）。

2. 确定工件定位与装夹

工件毛坯尺寸为ϕ35mm，直接采用自定心卡盘进行定位装夹，装夹选择工件左端毛坯外表面，伸出长度大于35mm。

先加工工件右端ϕ24mm（螺纹加工会出现积压，导致材料塑性变形，建议将螺纹大径车小0.1～0.2mm），利用车槽刀车削4×2退刀槽；最后车M24×1.5螺纹，并用螺纹环规进行检验。

3. 确定加工参数

加工参数的确定取决于实际加工经验、工件的加工精度及表面质量、工件的材料特性、刀具的种类及形状、刀柄的刚性等诸多因素。

（1）主轴转速

根据实际情况，切槽主轴转速取600r/min；螺纹加工主轴转速选用700r/min。

（2）进给量

在保证工件质量的前提下，一般取0.1～0.2mm/r。

（3）背吃刀量

背吃刀量根据机床与刀具的刚性及加工精度来确定，具体数值如表6-2所示。

4. 制定加工工艺卡

填写数控加工工艺卡，如表6-2所示。

表6-2　数控加工工艺卡

<table>
<tr><td colspan="2">零件名称</td><td colspan="2">三角形圆柱外螺纹</td><td colspan="2">工作场地</td><td colspan="3">数控车间</td></tr>
<tr><td colspan="2">零件材料</td><td colspan="2">铝合金</td><td colspan="2">使用设备和系统</td><td colspan="3">CK6140 FANUC</td></tr>
<tr><td>工序</td><td>名称</td><td colspan="7">工艺要求</td></tr>
<tr><td>1</td><td>下料</td><td colspan="7">—</td></tr>
<tr><td rowspan="3">2</td><td rowspan="3">数控车削</td><td>工步</td><td>工步内容</td><td>刀具号</td><td>刀具类型</td><td>主轴转速/（r/min）</td><td>进给量/（mm/r）</td><td>背吃刀量/mm</td></tr>
<tr><td>1</td><td>装夹工件，利用自定心卡盘夹持毛坯左端外圆20mm左右，伸出长度大于35mm；加工工件右端外圆ϕ24</td><td>T0101</td><td>93°外圆车刀</td><td>700/1000</td><td>0.2/0.15</td><td>1/0.5</td></tr>
<tr><td>2</td><td>用车断刀车出4×2退刀槽</td><td>T0202</td><td>车槽刀，刀宽3～4mm</td><td>600</td><td>0.1</td><td>—</td></tr>
</table>

续表

工序	名称	工艺要求						
		工步	工步内容	刀具号	刀具类型	主轴转速/（r/min）	进给量/（mm/r）	背吃刀量/mm
		3	加工 M24×1.5 三角形圆柱外螺纹	T0303	螺纹刀	700	—	—
2	数控车削	装夹定位简图	>35					
日期			加工者		审核		批准	

二、编写加工程序

三角形圆柱外螺纹加工的参考程序如表 6-3 所示。

表 6-3　三角形圆柱外螺纹加工的参考程序

段号	程序段	含义
加工零件右端ϕ24 外圆		
N00	O0001;	程序号
N10	G99;	设置进给量 F，单位为 mm/r
N20	T0101;	换 1 号外圆车刀，设置每转进给方式
N30	M03　S700;	主轴正转，转速 700r/min
N40	G00　X38　Z0;	快速接近零件，准备车削端面
N50	G01　X-0.5　F0.15;	车削端面，进给量 0.15mm/r
N60	G00　X38　Z2;	快速定位到循环起点
N70	G71　U1　R0.5;	粗车循环背吃刀量 1mm，退刀量 0.5mm
N80	G71　P90　Q130　U0.5　W0.1　F0.2;	X 向余量 0.5mm，Z 向余量 0.1mm，进给量 0.2mm/r
N90	G00　X22;	N90～N130 定义精加工轮廓
N100	G01　Z0　F0.2;	外圆刀接触工件
N110	G01　X24　Z-1;	倒角
N120	Z-28;	切削外圆

续表

段号	程序段	含义
N130	G00　X100;	回测量点
N140	Z100;	
N150	M05;	主轴停止
N160	M00;	程序暂停
N170	M03　S1000;	主轴正转，转速 1000r/min
N180	T0101;	
N190	G00　X32　Z2;	定位至精车循环起点
N200	G70　P90　Q130　F0.15;	执行精车循环，进给量 0.15mm/r
N210	G00　X100;	回测量点
N220	Z100;	
N230	M05;	主轴停止
N240	M30;	程序结束
加工零件右端 4×2 退刀槽		
N00	O0002;	程序号
N10	G99;	设置进给量 *F*，单位为 mm/r
N20	T0202;	换 2 号车槽刀
N30	M03　S600;	主轴正转，转速 600r/min
N40	G00　X27　Z2;	快速接近零件，定位
N50	Z-28;	快速到达下刀点
N60	G01　X20　F0.1;	车槽至ϕ20，进给量 0.1mm/r
N70	G04　X1;	指令暂停，1s 后执行下一个程序段
N80	G00　X27;	*X* 向退刀至ϕ27
N90	X100　Z100;	回换刀点
N100	M05;	主轴停止
N110	M30;	程序结束
加工零件右端 M24×1.5 三角形圆柱外螺纹		
N00	O0003;	程序号
N10	G99;	设置进给量 *F*，单位为 mm/r
N20	T0303;	换 3 号螺纹刀
N30	M03　S700;	主轴正转，转速 700r/min
N40	G00　X27　Z2;	快速定位到循环起点
N50	G92　X23.2　Z-25.5　F1.5;	使用螺纹单一固定循环指令 G92
N60	X22.6;	螺距 1.5mm，螺纹分层切削按 0.8mm、0.6mm、0.4mm、0.16mm
N70	X22.2;	
N80	X22.05;	
N90	X22.05;	螺纹底径=螺纹大径-1.3*P*（螺距）
N100	G00　X100　Z100;	回测量点
N110	M05;	主轴停止
N120	M30;	程序结束

任务二 加工三角形圆锥外螺纹

任务目标

1）知道三角形圆锥外螺纹加工的工艺知识。

2）能够运用G92指令编制三角形圆锥外螺纹的加工程序。

3）能对三角形圆锥外螺纹进行简单的检测。

4）独立完成三角形圆锥外螺纹零件加工。

任务描述

完成图6-4所示的三角形圆锥外螺纹零件的加工。

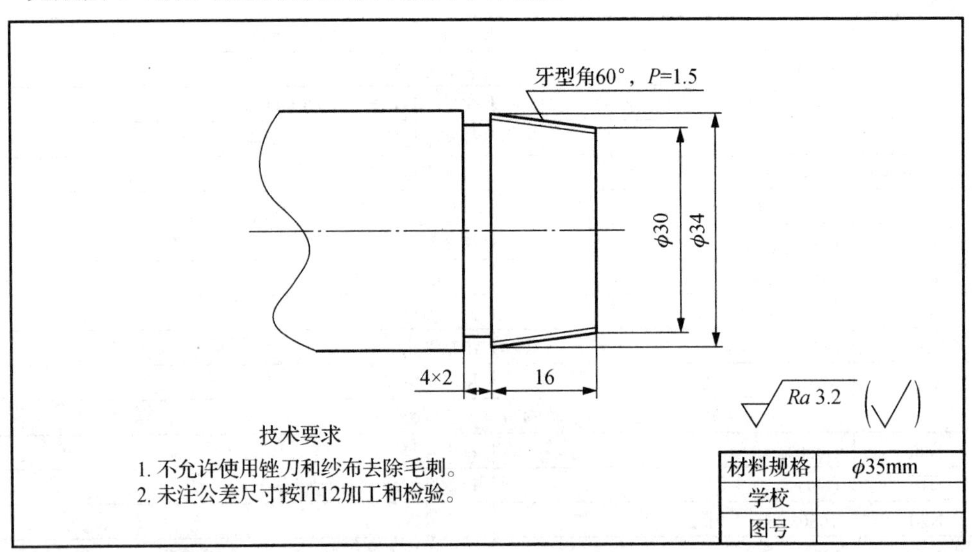

图6-4 三角形圆锥外螺纹零件图

任务分析

该工件只要进行牙型角为60°、P=1.5的三角形圆锥外螺纹，以及4×2螺纹退刀槽的加工，退刀槽精度要求较低。螺纹精度需要进行检验。

知识链接

G32指令可以执行单行程螺纹切削，车刀进给运动严格根据输入的螺纹导程进行。

但是，使用 G32 指令时，车刀的切入、切出、返回均需要编入程序。

格式：G32　X(U)__Z(W)__F__；

其中：X(U)、Z(W)——螺纹的终点绝对/增量坐标值；

F——螺纹的螺距（导程）。

当 X(U)省略时为圆柱螺纹切削，当 Z(W)省略时为圆端面螺纹切削，当 X(U)、Z(W)均不省略时为圆锥螺纹切削。

圆锥螺纹的螺距指主轴转一圈长轴的位移量（*X* 轴位移量按半径值计算）。

任务实施

一、分析和制定加工工艺

1. 编程原点的确定

以工件右端面与轴线交点为工件原点，建立工件坐标系（采用试切对刀建立）。

2. 工件定位与装夹方法的确定

直接采用自定心卡盘进行定位装夹，装夹面选择工件左端毛坯外表面，伸出长度大于 30mm。

先加工工件右端 ϕ30、ϕ34，即 1∶4 锥度的圆锥面，然后利用车槽刀加工 4×2 的退刀槽，最后利用螺纹刀加工三角形圆锥外螺纹，并进行检验。

3. 加工方案制定

加工方案的制定包括刀具的选择，主轴转速、进给量、背吃刀量的确定，加工工步的安排等步骤。具体加工方案见数控加工工艺卡。

4. 加工工艺的制定

填写数控加工工艺卡，如表 6-4 所示。

表 6-4　数控加工工艺卡

<table>
<tr><td colspan="2">零件名称</td><td colspan="2">三角形圆锥外螺纹</td><td colspan="2">工作场地</td><td colspan="3">数控车间</td></tr>
<tr><td colspan="2">零件材料</td><td colspan="2">铝合金</td><td colspan="2">使用设备和系统</td><td colspan="3">CK6140 FANUC</td></tr>
<tr><td>工序</td><td>名称</td><td colspan="7">工艺要求</td></tr>
<tr><td>1</td><td>下料</td><td colspan="7">—</td></tr>
<tr><td rowspan="2">2</td><td rowspan="2">数控车削</td><td>工步</td><td>工步内容</td><td>刀具号</td><td>刀具类型</td><td>主轴转速/（r/min）</td><td>进给量/（mm/r）</td><td>背吃刀量/mm</td></tr>
<tr><td>1</td><td>装夹工件，利用自定心卡盘夹持毛坯左端外圆 20mm 左右，伸出长度大于 30mm；加工工件右端圆锥面</td><td>T0101</td><td>93°外圆车刀</td><td>700/1000</td><td>0.2/0.15</td><td>1/0.5</td></tr>
</table>

续表

工序	名称	工艺要求						
		工步	工步内容	刀具号	刀具类型	主轴转速/（r/min）	进给量/（mm/r）	背吃刀量/mm
2	数控车削	2	用车槽刀车出 4×2 退刀槽	T0202	车槽刀，刀宽3～4mm	600	0.1	—
		3	加工三角形圆锥外螺纹	T0303	螺纹刀	700	—	—
		装夹定位简图						
日期			加工者		审核		批准	

二、编写加工程序

三角形圆锥外螺纹加工的参考程序如表 6-5 所示。

表 6-5 三角形圆锥外螺纹加工的参考程序

段号	程序段	含义
加工零件右端圆锥面		
N00	O0001;	程序号
N10	G99;	设置进给量 F，单位为 mm/r
N20	T0101;	换 1 号外圆车刀，设置每转进给方式
N30	M03 S700;	主轴正转，转速 700r/min
N40	G00 X38 Z0;	快速接近零件，准备车削端面
N50	G01 X-0.5 F0.15;	车削端面，进给量 0.15mm/r
N60	G00 X38 Z2;	快速定位到循环起点
N70	G71 U1 R0.5;	粗车循环背吃刀量 1mm，退刀量 0.5mm
N80	G71 P90 Q130 U0.5 W0.1 F0.2;	X 向余量 0.5mm，Z 向余量 0.1mm，进给量 0.2mm/r
N90	G00 X30;	N90～N130 定义精加工轮廓
N100	G01 Z0 F0.2;	外圆刀接触工件

续表

段号	程序段	含义
N110	G01　X34　Z-16;	倒角
N120	Z-20;	切削外圆
N130	G00　X100;	回测量点
N140	Z100;	
N150	M05;	主轴停止
N160	M00;	程序暂停
N170	M03　S1000;	主轴正转，转速 1000r/min
N180	T0101;	
N190	G00　X32　Z2;	定位至精车循环起点
N200	G70　P90　Q130　F0.15;	执行精车循环，进给量 0.15mm/r
N210	G00　X100;	回测量点
N220	Z100;	
N230	M05;	主轴停止
N240	M30;	程序结束
加工零件右端 4×2 退刀槽		
N00	O0002;	程序名
N10	G99;	设置进给量 *F*，单位为 mm/r
N20	T0202;	换 2 号车槽刀
N30	M03　S600;	主轴正转，转速 600r/min
N40	G00　X38　Z2;	快速接近零件，定位
N50	Z-20;	快速到达下刀点
N60	G01　X30　F0.1;	车槽至ϕ30，进给量 0.1mm/r
N70	G04　X1;	指令暂停，1s 后执行下一个程序段
N80	G00　X38;	*X* 向退刀至ϕ38
N90	X100　Z100;	回换刀点
N100	M05;	主轴停止
N110	M30;	程序结束
加工零件右端三角形圆锥外螺纹		
N00	O0003;	程序名
N10	G99;	设置进给量 *F*，单位 mm/r
N20	T0303;	换 3 号螺纹刀
N30	M03　S700;	主轴正转，转速 700r/min
N40	G00　X37　Z2;	快速定位到循环起点
N50	G92　X33.2　Z-17.5　R-2　F1.5;	使用螺纹单一固定循环指令 G92，$R\neq0$ 为圆锥螺纹
N60	X32.6;	螺距 1.5mm，螺纹分层切削按 0.8mm、0.6mm、0.4mm、0.16mm
N70	X32.2;	

续表

段号	程序段	含义
N80	X32.05;	
N90	X32.05;	螺纹底径=螺纹大径−1.3*P*
N100	G00　X100　Z100;	回测量点
N110	M05;	主轴停止
N120	M30;	程序结束

任务三　加工三角形圆柱内螺纹

任务目标

1）掌握三角形圆柱内螺纹的加工工艺知识。

2）会应用 G76 指令编制螺纹的加工程序。

3）能进行三角形圆柱内螺纹的检验和测量。

4）独立完成三角形圆柱内螺纹零件加工。

任务描述

本任务加工如图 6-5 所示的三角形圆柱内螺纹零件。

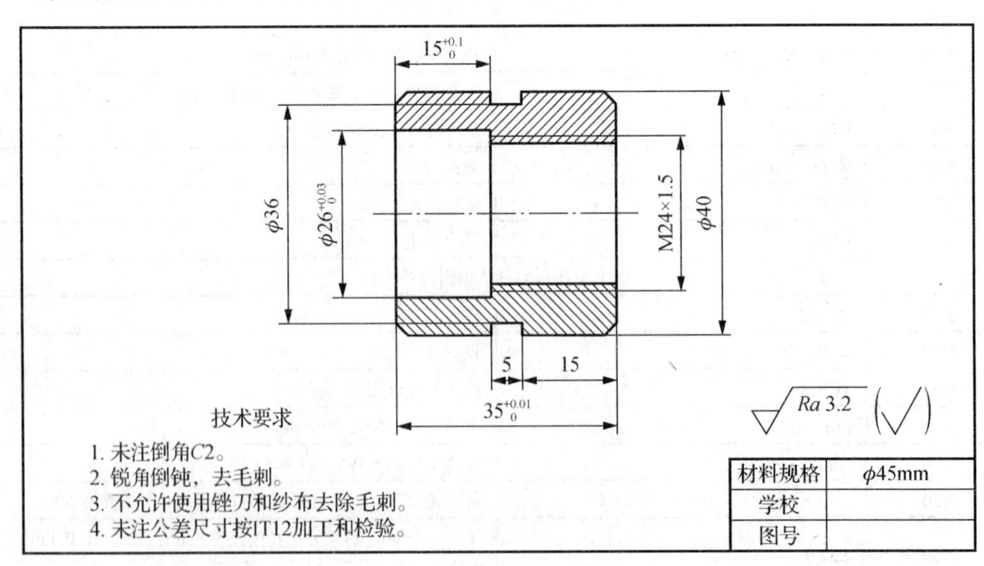

图 6-5　三角形圆柱内螺纹零件图

任务分析

该工件要先车削ϕ40 外圆，需掉头装夹（注意：为了防止两次车削产生接刀痕，在车削外圆时应加工至槽的中间）；再加工出 5×ϕ36 的槽；最后进行 M24×1.5 内螺纹和$\phi 26^{+0.03}_{0}$内孔的加工。其中，内螺纹小径需要计算，$\phi 26^{+0.03}_{0}$内孔的精度要求较高，较难保证，可以利用内径千分尺或百分表进行测量。螺纹精度可以使用螺纹塞规进行检验。

知识链接

G76 指令用于多次自动循环切削螺纹，可用于加工内螺纹、外螺纹、圆柱螺纹、圆锥螺纹和单线螺纹、多线螺纹。G76 指令经常用于加工不带退刀槽的圆柱螺纹和圆锥螺纹，可实现单侧切削刃螺纹切削，背吃刀量逐渐减少，可保护刀具，提高螺纹精度。该指令采用斜进式进刀方式，参数设置好后可自动分层完成螺纹车削。格式：

G76　P(m) (r) (α) __Q(Δd_{min}) __R(d)__;

G76　X(U)__Z(W)__ R(i) __P(k)__Q(Δd)__F(L)__;

其中：m——精加工重复次数，取值范围为 00～99，必须输入两位数，一般取 01～03，该值是模态值。若 m=03，则精车 3 次，即第一刀是精车，第二、三刀就是精车重复。重复精车的背吃刀量为 0，主要用来消除机械应力（让刀）造成的缺陷，提高螺纹精度和表面质量，对螺纹牙型起到去毛刺、修光的作用。

r——螺纹尾端倒角量，取值范围为 00～99，一般取 00～20（单位 0.1×L，L 为螺距导程），必须输入两位数。螺纹退尾功能可实现无退刀槽螺纹的加工。

α——刀尖角度，即牙型角（相邻两牙之间的夹角），取值 80、60、55、30、29、0，单位为度（°），必须输入两位数。实际螺纹的角度由刀具决定，普通管螺纹为 60°。

Δd_{min}——最小切深，半径值，单位为 μm，一般取 50～100μm。车削过程中，如果背吃刀量小于此值，深度会锁定在此值。

d——精车余量，螺纹精车的背吃刀量，半径值，单位为 μm，一般取 50～100μm。

X(U)、Z(W)——螺纹终点绝对坐标或增量坐标。外螺纹 X 值，即为螺纹小径=公称直径-1.3×螺距；内螺纹 X 值即为公称直径（螺纹大径）。

i——螺纹锥度值，即螺纹两端半径差，$i = R_S - R_e$，单位为 mm，圆柱螺纹$i = 0$。

k——螺纹高度，半径值，单位为 μm，一般取 0.65×P（螺距）。

Δd——第一刀车削深度，半径值，根据车床刚性和螺距大小来取值，建议取 300～800μm。

L——螺纹导程，同一条螺旋线上，相邻两牙之间的轴向距离，即螺距×螺纹头数，单位为mm。单头螺纹的导程等于螺距。

任务实施

一、分析和制定加工工艺

1. 编程原点的确定

以工件右端面与轴线交点为编程原点，建立工件坐标系（采用试切对刀建立）。

2. 工件定位与装夹的确定

工件毛坯为ϕ45mm铝棒，直接采用自定心卡盘进行定位装夹，装夹面选择工件左端毛坯外圆，伸出长度大于25mm。

利用ϕ16mm的麻花钻钻孔，车削端面、ϕ40外圆及5×ϕ36的槽，用内孔车刀车削$\phi 26_{0}^{+0.03}$内孔和ϕ22.05螺纹底孔，最后加工M24×1.5内螺纹，并用螺纹塞规进行精度检验。工件需要掉头装夹校正，车端面保证工件总长尺寸，粗、精车削ϕ40外圆及整个工件。

3. 加工方案的制定

加工方案的制定包括刀具的选择，主轴转速、进给量、背吃刀量的确定，加工工步的安排等步骤。

4. 加工工艺的制定

填写数控加工工艺卡，如表6-6所示。

表6-6 数控加工工艺卡

零件名称		三角形圆柱内螺纹		工作场地		数控车间		
零件材料		铝合金		使用设备和系统		CK6140 FANUC		
工序	名称	工艺要求						
1	下料	—						
2	数控车削	工步	工步内容	刀具号	刀具类型	主轴转速/（r/min）	进给量/（mm/r）	背吃刀量/mm
		1	装夹工件，利用自定心卡盘夹持毛坯左端外圆，伸出长度大于25mm；钻中心孔	—	—	1200	—	—
		2	用ϕ16mm的麻花钻钻孔深40mm	—	ϕ16mm麻花钻	500	—	—

续表

工序	名称	工艺要求						
		工步	工步内容	刀具号	刀具类型	主轴转速/（r/min）	进给量/（mm/r）	背吃刀量/mm
2	数控车削	3	用外圆车刀加工端面及外圆ϕ40	T0101	93°外圆车刀	700/1000	0.2/0.1	1/0.5
		4	用车槽刀车槽5×ϕ36	T0202	车槽刀，刀宽3～4mm	600	0.15	—
		5	用内孔刀加工ϕ22.05、ϕ26	T0303	内孔车刀	700/1000	0.2/0.1	1/0.5
		6	用内螺纹车刀加工M24×1.5的内螺纹	T0404	内螺纹刀	700	—	—
		7	掉头装夹工件，伸出长度大于25mm；手动车削右端面，保证总长35mm	T0101	93°外圆车刀	1000	手轮当量0.01	0.5
		8	用外圆车刀加工外圆	T0101	93°外圆车刀	700/1000	0.2/0.1	1/0.5
		装夹定位简图	>25					
日期		加工者		审核		批准		

二、编写加工程序

三角形圆柱内螺纹加工的参考程序如表6-7所示。

表6-7 三角形圆柱内螺纹加工的参考程序

段号	程序段	含义
加工零件右端端面及ϕ40外圆		
N00	O0001;	程序号
N10	G99;	设置进给量F，单位为mm/r
N20	T0101;	换1号外圆车刀，设置每转进给方式
N30	M03 S700;	主轴正转，转速700r/min

续表

段号	程序段	含义
N40	G00 X48 Z0;	快速接近工件，准备车削端面
N50	G01 X-0.5 F0.1;	车削端面，进给量 0.1mm/r
N60	G00 X48 Z2;	快速定位到循环起点
N70	G71 U1 R0.5;	粗车循环背吃刀量 1mm，退刀量 0.5mm
N80	G71 P90 Q130 U0.5 W0.1 F0.2;	X 向余量 0.5mm，Z 向余量 0.1mm，进给量 0.2mm/r
N90	G00 X36;	N90～N130 定义精加工轮廓
N100	G01 X36 Z0 F0.2;	外圆车刀接触工件
N110	X38 Z-2;	倒角
N120	Z-18;	切削外圆
N130	G00 X100;	回测量点
N140	Z100;	
N150	M05;	主轴停止
N160	M00;	程序暂停
N170	M03 S1000;	主轴正转，转速 1000r/min
N180	T0101;	
N190	G00 X48 Z2;	定位至精车循环起点
N200	G70 P90 Q130 F0.1;	执行精车循环，进给量 0.1mm/r
N210	G00 X100;	回测量点
N220	Z100;	
N230	M05;	主轴停止
N240	M30;	程序结束
	加工零件 5× ϕ36 槽	
N00	O0002;	程序号
N10	G99;	设置进给量 F，单位为 mm/r
N20	T0202;	换 2 号车槽刀
N30	M03 S600;	主轴正转，转速 600r/min
N40	G00 X42 Z2;	快速接近零件，定位
N50	Z-20;	快速到达下刀点
N60	G01 X36 F0.15;	车槽至 ϕ36，进给量 0.15mm/r
N70	G04 X1;	指令暂停，1s 后执行下一个程序段
N80	G00 X42;	X 向退刀至 ϕ42
N90	Z-19;	到达第二个下刀点
N100	G01 X36 F0.15;	车槽至 ϕ36，进给量 0.15mm/r
N110	G04 X1;	指令暂停，1s 后执行下一个程序段
N120	G00 X42;	X 向退刀至 ϕ42
N130	X100 Z100;	回测量点
N140	M05;	主轴停止

续表

段号	程序段	含义
N150	M30;	程序结束
加工零件ϕ22.05、ϕ26 内孔		
N00	O0003;	程序号
N10	G99;	设置进给量 *F*，单位为 mm/r
N20	T0303;	调用 3 号内孔车刀
N30	M03 S700;	主轴正转，转速 700r/min
N40	G00 X14 Z2;	快速定位到循环起点
N50	G71 U1 R0.5;	粗车循环背吃刀量 1mm，退刀量 0.5mm
N60	G71 P70 Q120 U-0.5 W0.1 F0.2;	*X* 向余量 0.5mm，*Z* 向余量 0.1mm，进给量 0.2mm/r
N70	G00 X26;	N70～N120 定义精加工轮廓
N80	G01 Z0;	内孔车刀接触工件
N90	Z-15;	车削ϕ26 内孔
N100	X22.05;	
N110	Z-36;	车削ϕ22.05 内孔
N120	G00 X16;	退刀
N130	Z300;	回测量点
N140	M05;	主轴停止
N150	M00;	程序暂停
N160	M03 S1000;	主轴正转，转速 1000r/min
N170	T0303;	调用 3 号内孔车刀
N180	G00 X14 Z2;	快速定位至精车循环起点
N190	G70 P70 Q120 F0.1;	执行精车循环，进给量 0.1mm/r
N200	G00 X16;	退刀
N210	Z300;	回测量点
N220	M05;	主轴停止
N230	M30;	程序结束
加工零件 M24×1.5 的三角形圆柱内螺纹		
N00	O0004;	程序名
N10	G99;	设置进给量 *F*，单位为 mm/r
N20	T0404;	换 4 号内螺纹刀
N30	M03 S700;	主轴正转，转速 700r/min
N40	G00 X20 Z2;	快速定位到循环起点
N50	G76 P021060 Q100 R0.1;	使用螺纹循环 G76 指令 内螺纹小径=大径-1.3*P*
N60	G76 X24 Z-20.5 R0 P850 Q150 F1.5;	
N70	G00 X20;	退刀
N80	Z100;	回测量点

续表

段号	程序段	含义
N90	M05;	主轴停止
N100	M30;	程序结束

注：加工零件另一端端面及 ϕ 40 外圆，需要掉头装夹时，为控制总长，可利用程序 O0001 加工另一端。

知识拓展

按华中世纪星 HNC-21T 系统编写加工程序，以加工图 6-1 所示的零件为例。其中，螺纹加工中的相关参数同 FANUC 系统一致，但是螺纹循环指令应使用 G82。

1. 直螺纹切削循环

格式：G82　X(U)__Z(W)__R__E__C__P__F__;

其中：X、Z——绝对值编程时为螺纹终点 *C* 在工件坐标系下的坐标，增量值编程时为螺纹终点 *C* 相对于循环起点 *A* 的有向距离；

R、E——螺纹切削的退尾量，R、E 均为向量，R 为 *Z* 向回退量，E 为 *X* 向回退量，R、E 可以省略，表示不用回退功能；

C——螺纹头数，为 0 或 1 时切削单头螺纹；

P——单头螺纹切削时为主轴基准脉冲处距离切削起始点的主轴转角（默认值为 0），多头螺纹切削时为相邻螺纹头的切削起始点之间对应的主轴转角；

F——螺纹导程。

注意：螺纹切削循环同 G32 螺纹切削一样，在进给保持状态下，该循环在完成全部动作之后才停止运动。

2. 锥螺纹切削循环

格式：G82　X__Z__I__R__E__C__P__F__;

其中：X、Z——绝对值编程时为螺纹终点 *C* 在工件坐标系下的坐标，增量值编程时为螺纹终点 *C* 相对于循环起点 *A* 的有向距离；

I——螺纹起点 *B* 与螺纹终点 *C* 的半径差，其符号为差的符号（无论是绝对值编程还是增量值编程）；

R、E——螺纹切削的退尾量，R、E 均为向量，R 为 *Z* 向回退量，E 为 *X* 向回退量，R、E 可以省略，表示不用回退功能；

C——螺纹头数，为 0 或 1 时切削单头螺纹；

P——单头螺纹切削时为主轴基准脉冲处距离切削起始点的主轴转角（默认值为 0），多头螺纹切削时为相邻螺纹头的切削起始点之间对应的主轴转角；

F——螺纹导程。

图 6-1 所示零件的华中系统加工的参考程序如表 6-8 所示。

表 6-8 三角形圆柱外螺纹用华中系统加工的参考程序

段号	程序段	含义
加工零件右端ϕ24 外圆		
N00	O0001;	程序号
N10	G95;	设置进给量 F，单位为 mm/r
N20	T0101;	换 1 号外圆车刀，设置每转进给方式
N30	M03 S700;	主轴正转，转速 700r/min
N40	G00 X38 Z0;	快速接近零件，准备车削端面
N50	G01 X-0.5 F0.15;	车削端面，进给量 0.15mm/r
N60	G00 X38 Z2;	快速定位到循环起点
N70	G71 U1 R0.5 P90 Q130 X0.5 Z0.1 F0.2;	粗车循环背吃刀量 1mm，退刀量 0.5mm，X 向余量 0.5mm，Z 向余量 0.1mm，进给量 0.2mm/r
N80	M03 S1000;	精加工，转速 1000r/min
N90	G00 X22;	N90～N130 定义精加工轮廓
N100	G01 Z0 F0.2;	外圆刀接触工件
N110	G01 X24 Z-1;	倒角
N120	Z-28;	切削外圆
N130	G00 X100;	回测量点
N140	Z100;	
N150	M05;	主轴停止
N160	M30;	程序结束
加工零件右端 4×2 退刀槽		
N00	O0002;	程序号
N10	G95;	设置进给量 F，单位为 mm/r
N20	T0202;	换 2 号车槽刀
N30	M03 S600;	主轴正转，转速 600r/min
N40	G00 X27 Z2;	快速接近零件，定位
N50	Z-28;	快速到达下刀点
N60	G01 X20 F0.1;	车槽至ϕ20，进给量 0.1mm/r
N70	G0 4X1;	指令暂停，1s 后执行下一个程序段
N80	G00 X27;	X 向退刀至ϕ27
N90	X100 Z100;	回换刀点
N100	M05;	主轴停止
N110	M30;	程序结束

续表

段号	程序段	含义
加工零件右端 M24×1.5 三角形圆柱外螺纹		
N00	O0003;	程序号
N10	G95;	设置进给量 *F*，单位为 mm/r
N20	T0303;	换 3 号螺纹刀
N30	M03 S700;	主轴正转，转速 700r/min
N40	G00 X27 Z2;	快速定位到循环起点
N50	G82 X23.2 Z-25.5 F1.5;	使用螺纹单一固定循环指令 G82
N60	X22.6;	螺距 1.5mm，螺纹分层切削按 0.8mm、0.6mm、0.4mm、0.16mm
N70	X22.2;	
N80	X22.05;	
N90	X22.05;	螺纹底径=大径-1.3*P*
N100	G00 X100 Z100;	回测量点
N110	M05;	主轴停止
N120	M30;	程序结束

项目七

零件综合加工编程训练

学习目标

（1）能熟练掌握 G71、G73、G75、G76 指令的应用方法。

（2）能根据零件图样要求，合理选择进刀和切削用量。

（3）提高轴类零件工艺分析和程序编制的能力。

（4）正确完成二次装夹零件的加工，并保证零件的尺寸精度。

（5）培养学生综合应用各指令的能力。

根据国家职业技能标准对中级数控车操作工的技能要求，中级数控车工应掌握内、外圆表面及圆弧成形面和普通螺纹等内容的编程与加工，并保证各项加工精度。工件以单件考核为主，编程与操作的总时间约为 3h。

任务一　零件综合加工训练一

任务目标

1）掌握复杂零件的加工方法。

2）熟练应用各指令完成数控编程。

任务描述

本任务完成图 7-1 所示零件的加工。

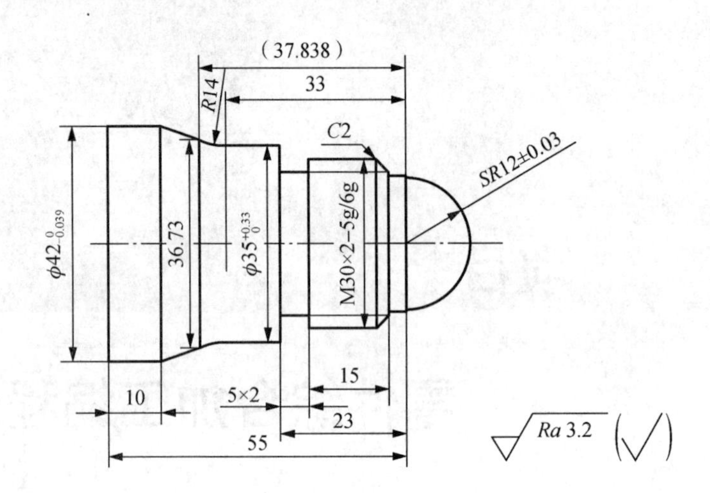

图 7-1　训练一零件图

任务分析

毛坯尺寸为ϕ45mm×100mm。加工该零件时一般先加工零件外形轮廓，切断零件后掉头加工零件总长，编程零点设置在零件端面与轴线的相交处。

任务实施

一、制定加工工艺卡

填写数控加工工艺卡，如表 7-1 所示。

表 7-1　数控加工工艺卡

零件名称	综合零件加工			工作场地		数控车间		
零件材料	45 钢			使用设备和系统		CK6140 FANUC		
工序	名称	工艺要求						
1	下料	—						
2	数控车削	工步	工步内容	刀具号	刀具类型	主轴转速/（r/min）	进给速度/（mm/r）	背吃刀量/mm
		1	装夹工件毛坯，伸出长度为 65mm	—	—	—	—	—
		2	加工右端面 Z 向对刀	T0101	外圆粗车刀	600	0.3	0.5
		3	粗加工右端面外轮廓	T0101	外圆粗车刀	600	0.25	1.5
		4	精加工右端面外轮廓	T0202	外圆精车刀	1200	0.1	0.25
		5	切槽	T0404	切槽刀 4mm	300	0.1	—
		6	螺纹加工	T0404	普通外螺纹刀	500	3	—

续表

工序	名称	工艺要求						
2	数控车削	工步	工步内容	刀具号	刀具类型	主轴转速/（r/min）	进给速度/（mm/r）	背吃刀量/mm
		7	掉头夹ϕ35 外圆，找正加工左端面	T0101	外圆车刀	600	0.3	0.5
		8	精度检测					
日期			加工者		审核		批准	

二、编写加工程序

训练一零件加工的参考程序如表 7-2 所示。

表 7-2　训练一零件加工的参考程序

段号	程序段	含义
N00	O7201;	程序名
N10	G99　G40;	
N20	T0101;	主轴正转，转速 600r/min，调用 1 号刀
N30	G00　X60.0　Z25.0　S600　M03　M08;	快速定位，切削液开启
N40	G71　U2.0　R1.0;	内孔粗加工，切深为 1mm，退刀 0.5mm
N50	G71　P60　Q160　U0.5　W0.15　F0.3;	精加工余量，X 向为 0.5mm（直径值）
N60	G00　X0;	
N70	G01　Z0　F0.08;	
N80	G03　X24.0　Z-12.0　R12.0;	
N90	G01　Z-15.0;	
N100	X26.0;	
N110	X29.8　Z-17.0;	
N120	Z-35.0;	
N130	X33.0;	
N140	X35.016　Z-36.0;	
N150	Z-45.0;	
N160	X45.0;	
N170	G00　X100　Z100.0　M09　M05;	退换刀点，主轴停止，切削液关闭
N180	T0202;	换精车刀
N190	G00　X50.0　Z2.0　S1200　M03　M08;	
N200	G70　P60　Q160;	
N210	M00;	
N220	G00　X100.0　Z100.0　M09　M05;	
N230	T0404;	换切槽刀
N240	G00　X40.0　Z-35　S300　M03　M08;	

续表

段号	程序段	含义
N250	G01 X26.0 F0.1;	
N260	G04 X1;	车刀停留 1s
N270	G01 X32.0;	
N280	Z-34;	
N290	X26.0;	
N300	G04 X1;	
N310	G00 X100.0 Z100.0 M05 M09;	
N320	T0404;	换螺纹刀
N330	G00 X35.0 Z-12.0 S500.0 M03 M08;	
N340	G76 P021260 Q100 R100;	螺纹加工
N350	G76 X27.4 Z-30 R0 P1300 Q200 F2.0;	
N360	G28 X100.0 Z100.0 M05 M09;	
N370	M30;	

三、实训测评

加工完成后，填写数控车削考核评分表（表 7-3）。

表 7-3 数控车削考核评分表

工件编号				总得分			
配分比例	项目	序号	技术要求	配分	评分标准	检测记录	得分
工件评分（70%）	外圆	1	$\phi42_{-0.039}^{0}$, $Ra3.2\mu m$	10/4	超差 0.01mm 扣 4 分、降级无分		
		2	$\phi35_{0}^{+0.033}$, $Ra3.2\mu m$	10/4	超差 0.01mm 扣 4 分、降级无分		
	圆弧	3	$SR12\pm0.03$, $Ra3.2\mu m$	8/4	超差、降级无分		
		4	$R14$, $Ra3.2\mu m$	8/4	超差、降级无分		
	螺纹	5	M30×2-5g/6g 大径	5	超差无分		
		6	M30×2-5g/6g 中径	8	超差 0.01mm 扣 4 分		
		7	M30×2-5g/6g, 两侧 $Ra3.2\mu m$	4	降级无分		
		8	M30×2-5g/6g 牙型角	5	不符无分		
	沟槽	9	5×2 两侧 $Ra3.2\mu m$	4/2	超差、降级无分		
	长度	10	55	3	超差无分		
		11	23	3	超差无分		
		12	15	3	超差无分		
		13	10	3	超差无分		

续表

配分比例	项目	序号	技术要求	配分	评分标准	检测记录	得分
工件评分（70%）	其他	14	*C*2	2	不符无分		
		15	未注倒角	2	不符无分		
程序与车床操作（30%）	程序	16	程序规范、合理、正确	20	不规范每次扣2分		
	操作	17	工件及刀具安装正确，车床操作规范	10	不规范每次扣3分		
其他	安全	18	安全文明操作	倒扣	不规范每次扣3分		
		19	现场整理				

任务二　零件综合加工训练二

任务目标

1）熟练掌握车床的操控方法。

2）掌握复杂零件加工的编程方法。

任务描述

本任务完成图7-2所示零件的加工。

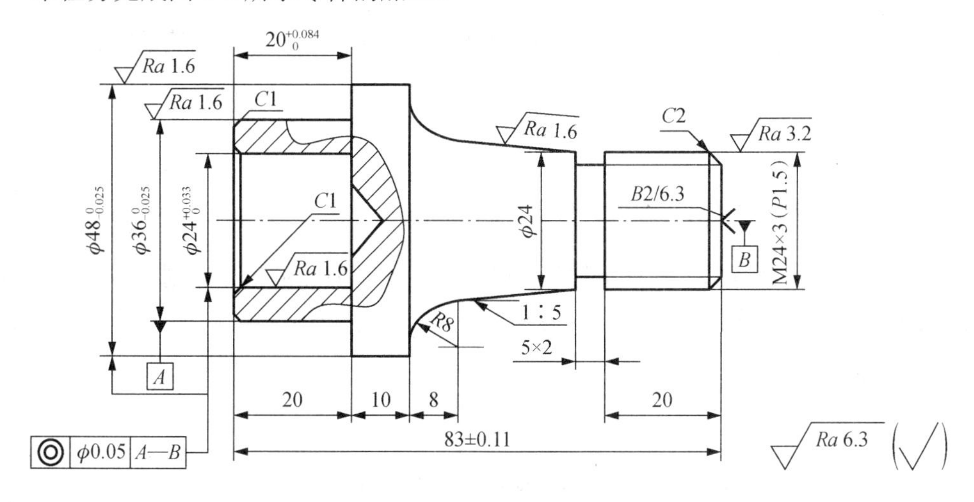

图7-2　训练二零件图

任务分析

1. 零件图样分析

如图 7-2 所示零件，毛坯尺寸为ϕ50mm×85mm。

2. 精度分析

（1）尺寸精度

本任务中精度要求较高的尺寸主要有外圆$\phi 48_{-0.025}^{0}$、$\phi 36_{-0.025}^{0}$及长度尺寸$20_{0}^{+0.084}$、83±0.11 等。

对于尺寸精度要求，主要通过在加工过程中的准确对刀、正确设置刀补及磨耗，以及正确制定合适的加工工艺等措施来保证。

（2）几何精度

本任务中主要的几何精度有外圆-轴线对组合基准轴线 *A*—*B* 的同轴度公差，螺纹轴线对 *A*—*B* 轴线的圆跳动公差。

对于几何精度要求，主要通过调整车床的机械精度，制定合理的加工工艺及工件的装夹、定位与找正等措施来保证。

（3）表面粗糙度

本任务中外圆表面的表面粗糙度要求为 1.6μm，圆弧面及其他表面的粗糙度为 6.3μm。

对于表面粗糙度要求，主要通过选用合适的刀具及几何参数，正确的粗、精加工路线，合适的切削用量及冷却等措施来保证。

任务实施

一、分析和制定加工工艺

由于工件在长度方向上的要求较低，因此根据编程原点的确定原则，该工件的编程原点取在工件的右端面与主轴轴线的交点上。

1. 制定加工方案及加工路线

（1）选择数控车床及数控系统

车床选用 CK6140 数控车床，系统为 FANUC 系统。

（2）制定加工方案及加工路线

采用两次装夹后完成粗、精加工的加工方案，先加工左端内、外形，完成粗、精加工后掉头加工另一端。

注意：进行数控车加工时，加工的起点定在离工件毛坯2～3mm的位置，尽可能采用轴向切削的方式进行加工，以提高加工过程中工件与刀具的刚性。

2. 工件的定位、装夹与刀具选用

（1）工件的定位及装夹

工件采用自定心卡盘进行定位与装夹。当掉头加工另一端时，采用一夹一顶的装夹方式。工件装夹时的夹紧力要适中，既要防止工件的变形与夹伤，又要防止工件在加工过程中松动。

（2）刀具的选用

本任务选用如图7-3所示的四种刀具。

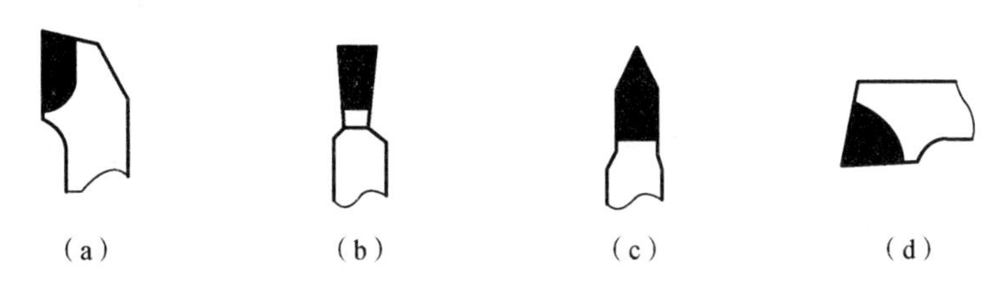

（a）　（b）　（c）　（d）

图7-3　刀具的选用

3. 确定加工参数

加工参数的确定取决于实际加工经验、工件的加工精度及表面质量、工件的材料性质、刀具的种类及形状、刀柄的刚性等诸多因素。

（1）主轴转速

硬质合金刀具材料切削钢件时，切削速度 v 取 80～220mm/min，根据公式 $n=1000v/D\pi$ 及加工经验，并结合实际情况，本任务粗加工的主轴转速在 500～1000r/min 内选取，精加工的转速在800～2000r/min内选取。

（2）进给量

粗加工时，为了提高生产效率，在保证工件质量的前提下，可选择较高的进给量，一般取0.2～0.3mm/r，当进行切断、车孔加工或采用高速钢刀具进行加工时，应选用较低的进给量，一般在0.05～0.2mm/r内选取。

精加工的进给量一般取粗加工进给量的1/2。

刀具空行程的进给速度一般取快速定位速度，或在G01时选取800～1500mm/min。

（3）背吃刀量

背吃刀量是根据车床与刀具的刚性及加工精度来确定的，粗加工的背吃刀量一般取2～5mm（直径值），精加工的背吃刀量等于精加工余量，精加工余量一般取0.2～0.5mm（直径量）。

4. 编制加工工艺卡

填写数控加工工艺卡，如表 7-4 所示。

表 7-4 数控加工工艺卡

零件名称	综合零件加工				工作场地	数控车间		
零件材料	45 钢				使用设备和系统	CK6140 FANUC		
工序	名称	工艺要求						
1	下料	—						
2	数控车削	工步	工步内容	刀具号	刀具类型	主轴转速/（r/min）	进给量/（mm/r）	背吃刀量/mm
		1	手动钻孔	—	ϕ22mm 钻头	250	0.2	—
		2	加工左端面含 *Z* 向对刀	T0101	外圆粗车刀	600	0.3	0.5
		3	粗加工左端面内轮廓	T0404	不通孔车刀	500	0.2	1.0
		4	精加工左端面内轮廓			1000	0.1	0.15
		5	粗加工左端面外轮廓	T0101	外圆粗车刀	600	0.25	1.5
		6	精、粗加工左端面外轮廓	T0202	外圆精车刀	1200	0.1	0.25
		7	掉头加工右端面	T0101	外圆粗车刀	600	0.3	0.5
		8	粗加工右端面外轮廓	T0101	外圆粗车刀	600	0.25	1.5
		9	精加工右端面外轮廓	T0202	外圆精车刀	1200	0.1	0.25
		10	切槽	T0303	切槽刀	600	0.05	—
		11	螺纹加工	T0404	普通外螺纹刀	500	3	—
		12	精度检测					
日期			加工者		审核		批准	

二、编写加工程序

车削工件轮廓的参考程序如表 7-5 所示。

表 7-5 车削工件轮廓的参考程序

段号	程序段	含义
左端加工		
N00	O7001;	程序名
N10	G99 G40;	设置每转进给量，取消刀补
N20	M03 S600 T0404;	主轴正转，转速 600r/min，调用 4 号刀
N30	G00 X20.0 Z3.0 M08;	快速定位，切削液开启
N40	G71 U1.0 R0.5;	内孔粗加工，切深为 1mm，退刀 0.5mm
N50	G71 P60 Q90 U-0.5 W0.05 F0.2;	*X* 向精加工余量为-0.5mm（直径值）

续表

段号	程序段	含义
N60	G01　X28.0　Z1.0　F0.05　S1000;	
N70	X24.0　Z-1.0;	倒角
N80	Z-20.0;	孔加工
N90	X20.0;	退刀
N100	G70　P60　Q90;	精加工
N110	G00　X100.0　Z100.0　M05　M09;	退换刀点，停主轴，停切削液
N120	T0101;	换刀
N130	G00　X52.0　Z2.0　S600　M03　M08;	
N140	G71　U1.5　R0.5;	
N150	G71　P160　Q210　U0.5　W0.15　F0.25;	
N160	G01　X32.0　F0.1　S1200;	
N170	X35.988　Z-1.0;	
N180	Z-20.042;	
N190	X47.988;	
N200	Z-40.0;	
N210	X52.0;	
N220	G00　X100.0　Z100.0　M09;	
N230	T0202;	精车刀
N240	G00　X52.0　Z2.0　M08;	
N250	G70　P50　Q60;	
N260	G00　X100.0　Z100.0　M05　M09;	
N270	M30;	结束
	右端工件加工	
N00	O7002;	程序号
N10	G99　G40;	
N20	T0101;	
N30	G00　X52.0　Z2.0　S600　M03　M08;	
N40	G71　U1.5　R0.5;	加工外螺纹实际大径
N50	G71　P60　Q120　U0.5　W0.15　F0.25;	
N60	G00　X18.0　Z1.0;	
N70	G01　X23.7　Z-2.0　F0.1　S1200;	
N80	Z-25.0;	
N90	X24.0;	
N100	X28.16　Z-45.8;	
N110	G02　X44.0　Z-53.0　R8.0;	

续表

段号	程序段	含义
N120	G01　X52.0;	
N130	G00　X100.0　Z100.0　M09;	
N140	T0202;	
N150	G00　X26.0　Z2.0　M08;	
N160	G70　P60　Q120;	精车外圆
N170	G00　X100.0　Z100.0　M05　M09;	
N180	M00;	程序暂停
N190	T0303;	换切槽刀
N200	G00　X25.0　Z−22.5　S600　M03　M08;	
N210	G75　R0.3;	外径沟槽复合循环
N220	G75　X20.0　Z−25.0　P1500　Q1500　F0.05;	
N230	G00　X100.0　Z100.0　M09;	
N240	T0404;	换螺纹刀
N250	G00　X26.0　Z6.0　S500　M08;	
N260	G76　P020560　Q50　R0.05;	
N270	G76　X22.05　Z−22.0　P900　Q400　F3;	
N280	G01　Z1.5;	*Z* 向移动一个螺距，加工第二个螺纹
N290	G76　P020560　Q50　R0.05;	
N300	G76　X22.05　Z−22.0　P900　Q400　F3;	
N310	G00　X100.0　Z100.0　M05　M09;	
N320	M30;	

三、实训测评

完成实训后，填写数控车削考核评分表，如表 7-6 所示。

表 7-6　数控车削考核评分表

工件编号			总得分				
配分比例	项目	序号	技术要求	配分	评分标准	检测记录	得分
工件评分（70%）	外形	1	$\phi 48_{-0.025}^{0}$	6	超差全扣		
		2	$\phi 36_{-0.025}^{0}$	6	超差全扣		
		3	$20_{0}^{+0.084}$	3	超差全扣		
		4	83±0.11	6	超差全扣		
		5	同轴度 ϕ 0.05	2	超差全扣		
		6	*R*8（±0.5）	3	超差全扣		

续表

配分比例	项目	序号	技术要求	配分	评分标准	检测记录	得分
工件评分（70%）	外形	7	锥度 1∶5（±3′）	3	超差全扣		
		8	圆弧光滑连接	1	不合格全扣		
		9	*Ra*1.6	5	每处扣 1 分		
	切槽	10	5×2（±0.3）	3	超差全扣		
		11	*Ra*6.3	2	每处扣 1 分		
	车内孔	12	$\phi24_{0}^{+0.033}$	6	超差全扣		
		13	同轴度 ϕ 0.05	3	超差全扣		
		14	*Ra*1.6	2	每处扣 1 分		
	螺纹	15	M24×3（*P*1.5）	6	不合格全扣		
		16	*Ra*3.2	2	每处扣 1 分		
		17	同轴度 0.05	5	超差全扣		
	其他	18	一般公差	4	每处超差扣 1 分		
		19	倒角	2	每处扣 1 分		
程序与车床操作（30%）	程序	20	程序规范、合理、正确	20	不规范每次扣 2 分		
	操作	21	工件及刀具安装正确，车床操作规范	10	不规范每次扣 3 分		
其他	安全	22	安全文明操作	倒扣	不规范每次扣 3 分		
		23	现场整理				

任务三　零件综合加工训练三

任务目标

1）熟练掌握车床的操控方法。

2）掌握复杂零件加工的编程方法。

任务描述

本任务完成图 7-4 所示零件的加工。

任务分析

如图 7-4 所示零件，毛坯尺寸为ϕ45mm×100mm，加工该零件时一般先加工零件左端，后掉头加工零件右端。加工零件时编程零点设置在零件端面的轴心线上。

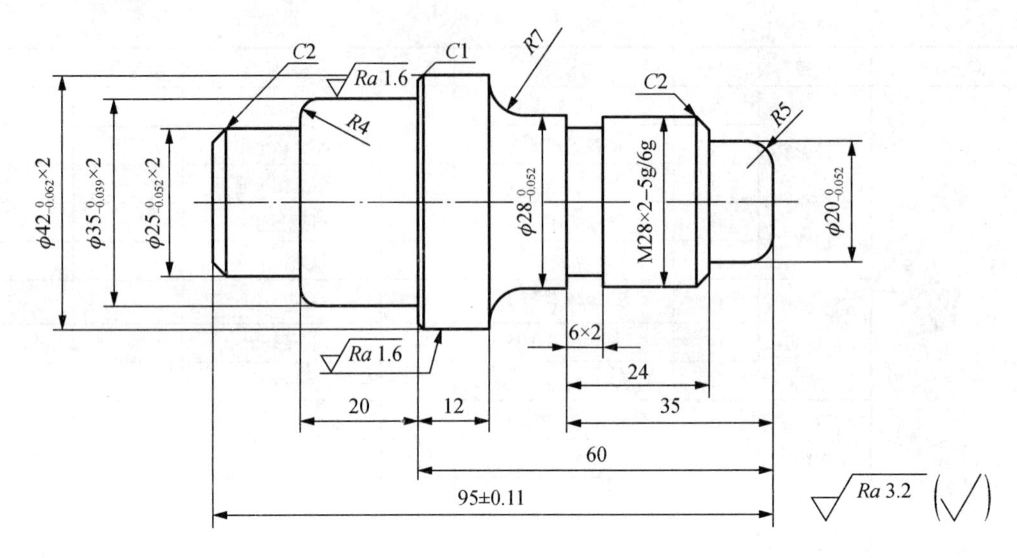

图 7-4　训练三零件图

任务实施

一、制定加工工艺

填写数控加工工艺卡，如表 7-7 所示。

表 7-7　数控加工工艺卡

<table>
<tr><td colspan="2">零件名称</td><td colspan="2">综合零件加工</td><td colspan="2">工作场地</td><td colspan="3">数控车间</td></tr>
<tr><td colspan="2">零件材料</td><td colspan="2">45 钢</td><td colspan="2">使用设备和系统</td><td colspan="3">CK6140 FANUC</td></tr>
<tr><td>工序</td><td>名称</td><td colspan="7">工艺要求</td></tr>
<tr><td>1</td><td>下料</td><td colspan="7">—</td></tr>
<tr><td rowspan="9">2</td><td rowspan="9">数控车削</td><td>工步</td><td>工步内容</td><td>刀具号</td><td>刀具类型</td><td>主轴转速/（r/min）</td><td>进给量/（mm/r）</td><td>背吃刀量/mm</td></tr>
<tr><td>1</td><td>零件左端加工（装夹工件，毛坯伸出卡盘长度为 40mm）</td><td>—</td><td>—</td><td>—</td><td>—</td><td>—</td></tr>
<tr><td>2</td><td>粗加工 $\phi42^{\ 0}_{-0.062}$ 外轮廓</td><td>T0101</td><td>外圆粗车刀</td><td>800</td><td>0.2</td><td>1.5</td></tr>
<tr><td>3</td><td>精加工 $\phi42^{\ 0}_{-0.062}$ 外轮廓</td><td>T0202</td><td>外圆粗车刀</td><td>1200</td><td>0.1</td><td>0.5</td></tr>
<tr><td>4</td><td>零件右端加工（装夹ϕ35mm 外圆），找正保证总长</td><td>—</td><td>—</td><td>—</td><td>—</td><td>—</td></tr>
<tr><td>5</td><td>粗加工右端</td><td>T0101</td><td>外圆粗车刀</td><td>800</td><td>0.2</td><td>1.5</td></tr>
<tr><td>6</td><td>精加工右端</td><td>T0202</td><td>外圆精车刀</td><td>1200</td><td>0.1</td><td>0.5</td></tr>
<tr><td>7</td><td>切槽 6×2</td><td>T0303</td><td>切槽刀</td><td>400</td><td>0.1</td><td>—</td></tr>
<tr><td>8</td><td>螺纹加工</td><td>T0404</td><td>螺纹刀</td><td>500</td><td>—</td><td>—</td></tr>
</table>

续表

工序	名称	工艺要求						
2	数控车削	工步	工步内容	刀具号	刀具类型	主轴转速/（r/min）	进给量/（mm/r）	背吃刀量/mm
		9	精度检测					
日期			加工者		审核		批准	

二、编写加工程序

训练三零件加工的参考程序如表 7-8 所示。

表 7-8 训练三零件加工的参考程序

段号	程序段	含义
右端加工		
N00	O7301;	程序名
N10	G99 G40;	
N20	T0101;	调用 1 号刀
N30	G00 X65.0 Z3.0 S800 M03 M08;	快速定位，切削液开启
N40	G71 U2.0 R1.0;	内孔粗加工，切深为 1mm，退刀 0.5mm
N50	G71 P60 Q140 U0.5 W0.15 F0.2;	精加工余量，*X* 向为 0.5mm（直径值）
N60	G00 X19.0;	
N70	G01 X24.974 Z-2 F0.1;	
N80	Z-15.0;	
N90	X34.981 R-4.0;	
N100	Z-35.0;	
N110	X40.0;	
N120	X41.967 Z-36.0;	
N130	Z-50.0;	
N140	X45.0;	
N150	G00 X100 Z100 M09 M05;	退换刀点，主轴停止，切削液关闭
N160	T0202;	换精车刀
N170	G00 X50.0 Z2.0 S1200 M03 M08;	
N180	G70 P60 Q140 F0.1;	精加工
N190	G28 X100.0 Z100.0 M05 M09;	
N200	M30;	
左端加工		
N00	O7302;	程序名
N10	G99 G40;	

续表

段号	程序段	含义
N20	T0101;	调用 1 号刀
N30	G00 X65.0 Z3.0 S800 M03 M08;	快速定位，切削液、主轴开启
N40	G71 U2.0 R1.0;	粗加工，切深为 2mm，退刀 1mm
N50	G71 P60 Q140 U0.5 W0.05 F0.2;	精加工余量，*X* 向为 0.5mm，*Z* 向为 0.05mm
N60	G00 X10.0;	
N70	G01 Z0;	
N80	G03 X19.974 Z-5.0 R5.0;	
N90	G01 Z-11.0;	
N100	X23.8;	
N110	X27.8 Z-13.0;	
N120	Z-35.0;	
N130	X27.974;	
N140	Z-41.0;	
N150	G02 X41.974 Z48.0 R7;	
N160	G01 X45.0;	
N170	G00 X100 Z100 M09 M05;	退换刀点，主轴停止，切削液关闭
N180	T0202;	换精车刀
N190	G00 X12.0 Z5 S1200 M03 M08;	
N200	G70 P60 Q140;	精加工
N210	G00 X100.0 Z100.0 M05 M09;	退换刀点，主轴停止，切削液关闭
N220	T0303 S400 M03 M08;	换 3 号切槽刀，主轴切削液开
N230	G00 X30.0 Z-35.0;	
N240	G01 X24.0 F0.1;	
N250	X30.0;	
N260	Z-33.0;	
N270	X23.8;	
N280	Z-35.0;	
N290	G00 X80.0;	*X* 向退刀
N300	Z100 M05 M09;	*Z* 向退刀，主轴、切削液关闭
N310	M00;	程序暂停
N320	T0404;	换螺纹刀
N330	G00 X30.0 Z-8.0 S500 M03 M08;	快移到螺纹起刀点
N340	G76 P021260 Q100 R100;	
N350	G76 X25.4 Z-31 R0 P1300 Q200 F2;	
N360	G28 X100.0 Z100.0 M05 M09;	
N370	M30;	程序结束

三、实训测评

完成加工任务后，填写数控车削考核评分表，如表 7-9 所示。

表 7-9　数控车削考核评分表

工件编号				总得分			
配分比例	项目	序号	技术要求	配分	评分标准	检测记录	得分
工件评分（70%）	外圆	1	$\phi42^{0}_{-0.062}$，$Ra1.6$	6/4	超差 0.01mm 扣 3 分、降级无分		
		2	$\phi35^{0}_{-0.039}$，$Ra1.6$	6/4	超差 0.01mm 扣 3 分、降级无分		
		3	$\phi28^{0}_{-0.052}$，$Ra3.2$	4/2	超差、降级无分		
		4	$\phi25^{0}_{-0.052}$，$Ra3.2$	4/2	超差、降级无分		
		5	$\phi20^{0}_{-0.052}$，$Ra3.2$	4/2	超差、降级无分		
	圆弧	6	$R7$，$Ra3.2$	4/2	超差、降级无分		
		7	$R5$，$Ra3.2$	4/2	超差、降级无分		
		8	$R4$，$Ra3.2$	4/2	超差、降级无分		
	螺纹	9	M28×2−5g/6g 大径	2	超差无分		
		10	M28×2−5g/6g 中径	6	超差 0.01mm 扣 4 分		
		11	M28×2−5g/6g 两侧 $Ra3.2$	4	降级无分		
		12	M28×2−5g/6g 牙型角	3	不符无分		
	沟槽	13	6×2	2/2	超差、降级无分		
	长度	14	95±0.11	3/2	超差无分		
		15	60	3	超差无分		
		16	35	3	超差无分		
		17	24	3	超差无分		
		18	20	3	超差无分		
		19	12	3	超差无分		
	其他	20	$C1$	2	不符无分		
		21	$C2$	2	不符无分		
		22	未注倒角	1	不符无分		
程序与车床操作（30%）	程序	23	程序规范、合理、正确	20	不规范每次扣 2 分		
	操作	24	工件及刀具安装正确，车床操作规范	10	不规范每次扣 3 分		
其他	安全	25	安全文明操作	倒扣	不规范每次扣 3 分		
		26	现场整理				

任务四　零件综合加工训练四

任务目标

1）熟练掌握车床的操控方法。

2）掌握复杂零件加工的编程方法。

任务描述

本任务完成图 7-5 所示零件的加工。

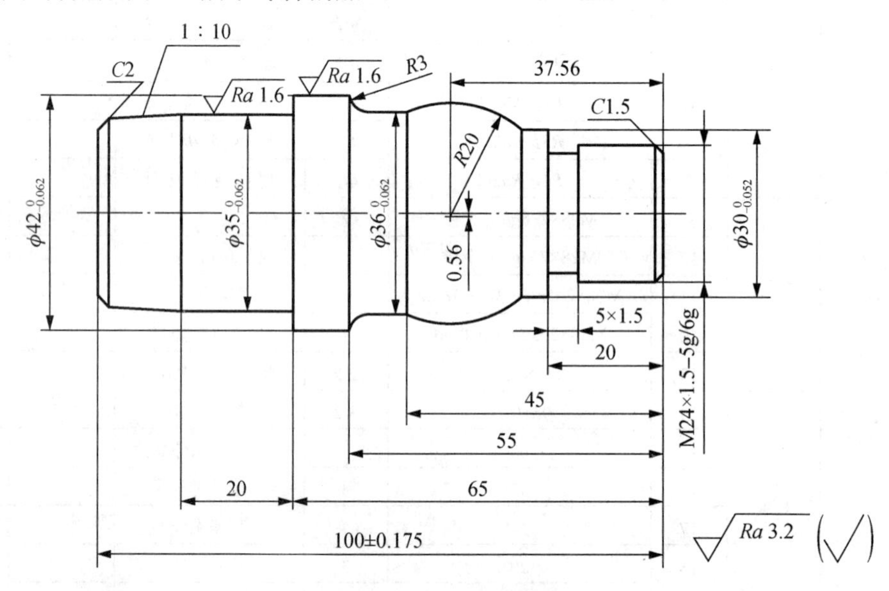

图 7-5　训练四零件图

任务分析

如图 7-5 所示零件，毛坯尺寸为ϕ45mm×110mm，加工该零件时一般先加工零件左端，后掉头加工零件右端。加工零件时编程零点设置在零件端面的轴心线上。

任务实施

一、制定加工工艺

填写数控加工工艺卡，如表 7-10 所示。

表 7-10　数控加工工艺卡

零件名称		综合零件加工			工作场地	数控车间		
零件材料		45 钢			使用设备和系统	CK6140 FANUC		
工序	名称	工艺要求						
1	下料	—						
2	数控车削	工步	工步内容	刀具号	刀具类型	主轴转速 /（r/min）	进给量 /（mm/r）	背吃刀量 /mm
		1	零件左端加工（装夹工件毛坯，伸出卡盘长度为 55mm）	—	—	—	—	—
		2	粗加工外轮廓	T0101	外圆粗车刀	800	0.2	1.5
		3	精加工外轮廓	T0202	外圆精车刀	1200	0.1	0.5
		4	零件右端加工（夹 ϕ35mm 外圆），找正保证总长	—	—	—	—	—
		5	粗加工右端	T0101	外圆粗车刀	800	0.2	1.5
		6	粗加工右端 *R*20 至 *R*3 处（子程序编程）	T0101	外圆粗车刀	800	0.1	0.25
		7	精加工右端	T0202	外圆精车刀	1200	0.1	0.3
		8	切槽 5×1.5	T0303	切槽刀	400	0.1	—
		9	螺纹加工	T0404	螺纹刀	500	—	—
		10	精度检测					
日期			加工者		审核		批准	

二、编写加工程序

训练四零件加工的参考程序如表 7-11 所示。

表 7-11　训练四零件加工的参考程序

段号	程序段	含义
	左端加工	
N00	O7401;	程序名
N10	G99　G40;	
N20	T0101;	调用 1 号刀
N30	G00　X65.0　Z3.0　S800　M03　M08;	主轴正转，转速 800r/min，切削液开启
N40	G71　U2.0　R1.0;	每刀切深为 2mm，退刀 1mm
N50	G71　P60　Q120　U0.5　W0.15　F0.2;	精加工余量，*X* 向为 0.5mm（直径值）
N60	G00　X26.7;	

续表

段号	程序段	含义
N70	G01 X32.7 Z-2 F0.1;	
N80	X34.969 Z-25.0;	
N90	Z-45.0;	
N100	X41.969;	
N110	Z-55.0;	
N120	X45.0;	
N130	G00 X100 Z100 M09 M05;	
N140	T0202;	换 2 号车刀
N150	G00 X55.0 Z10.0 S1200 M03 M08;	转速为 1200r/min
N160	G70 P60 Q120;	精加工
N170	G28 X100.0 Z100.0 M05 M09;	
N180	M30;	程序结束
右端加工		
N00	O7402;	程序名
N10	G99 G40;	
N20	T0101;	调用 1 号车刀
N30	G00 X60.0 Z3.0 S800 M03 M08;	快速定位，切削液开启
N40	G73 U10.0 R5.0;	总切削余量，退刀 0.5mm
N50	G73 P60 Q140 U0.5 W0.15 F0.2;	精加工余量，*X* 向为 0.5mm（直径值）
N60	G00 X19.0 Z1.0;	
N70	G00 X23.85 Z-1.5 F0.1;	倒角
N80	Z-20.0;	
N90	X29.974;	
N100	Z-25.0;	
N110	G03 X35.95 Z-45.0 R20.0;	
N120	G01 Z-57.0 R3.0;	
N130	X45;	
N140	G00 X60.0 Z5.0;	
N150	G00 X100.0 Z100.0 M05 M09;	
N160	T0303;	换 3 号刀
N170	G00 X35.0 Z-20.0 S400 M03 M08;	
N180	G01 X21 F0.1;	
N190	G01 X35.0;	
N200	Z-19.0;	
N210	X20.85;	

续表

段号	程序段	含义
N220	Z-20.0;	
N230	X35.0;	
N240	G00　X100　Z100　M09　M05;	退换刀点，主轴停止，切削液关闭
N250	T0404;	换精车刀
N260	G00　X30.0　Z5.0　S500　M03　M08;	
N270	G76　P021260　Q100　R100;	
N280	G76　X22.05　Z-17　R0　P845　Q200　F1.5;	
N290	G28　X100.0　Z100.0　M05　M09;	
N300	M30;	程序结束

三、实训测评

加工完成后，填写数控车削考核评分表，如表 7-12 所示。

表 7-12　数控车削考核评分表

工件编号				总得分			
配分比例	项目	序号	技术要求	配分	评分标准	检测记录	得分
工件评分（70%）	外圆	1	$\phi42_{-0.062}^{0}$，$Ra1.6$	6/4	超差 0.01mm 扣 3 分、降级无分		
		2	$\phi36_{-0.062}^{0}$，$Ra3.2$	6/4	超差 0.01mm 扣 3 分、降级无分		
		3	$\phi35_{-0.062}^{0}$，$Ra1.6$	4/2	超差、降级无分		
		4	$\phi30_{-0.052}^{0}$，$Ra3.2$	4/2	超差、降级无分		
	锥度	5	1∶10，$Ra3.2$	6/4	超差、降级无分		
	圆弧	6	$R20$，$Ra3.2$	4/4	超差、降级无分		
		7	$R3$，$Ra3.2$	4/4	超差、降级无分		
	螺纹	8	M24×1.5-5g/6g 大径	2	超差无分		
		9	M24×1.5-5g/6g 中径	6	超差 0.01mm 扣 4 分		
		10	M24×1.5-5g/6g，两侧 $Ra3.2$	4	降级无分		
		11	M24×1.5-5g/6g，牙型角	2	不符无分		
	沟槽	12	5×1.5，两侧 $Ra3.2$	4/4	超差、降级无分		
	长度	13	100±0.175，两侧 $Ra3.2$	2/2	超差、降级无分		
		14	65	2	超差无分		
		15	55	2	超差无分		
		16	45	2	超差无分		
		17	20	2	超差无分		
		18	20	2	超差无分		

续表

配分比例	项目	序号	技术要求	配分	评分标准	检测记录	得分
工件评分（70%）	其他	19	*C*2	2	不符无分		
		20	*C*1.5	2	不符无分		
		21	未注倒角	2	不符无分		
程序与车床操作（30%）	程序	22	程序规范、合理、正确	20	不规范每次扣2分		
	操作	23	工件及刀具安装正确，车床操作规范	10	不规范每次扣3分		
其他	安全	24	安全文明操作	倒扣	不规范每次扣3分		
		25	现场整理				

任务五 零件综合加工训练五

任务目标

1）熟练掌握车床的操控方法。

2）掌握复杂零件加工的编程方法。

任务描述

本任务完成图7-6所示零件的加工。

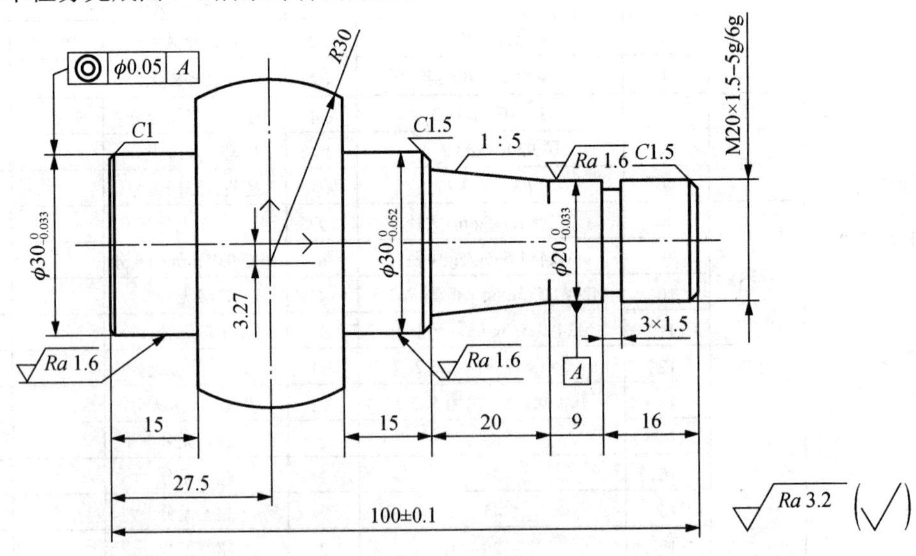

图7-6 训练五零件图

任务分析

如图 7-6 所示零件，毛坯尺寸为ϕ55mm×105mm。加工该零件时一般先加工零件左端，后掉头加工零件右端。加工零件时编程零点设置在零件端面的轴心线上。

任务实施

一、制定加工工艺

根据加工零件特点，选择适当的加工工艺，并填写数控加工工艺卡，如表 7-13 所示。

表 7-13　数控加工工艺卡

零件名称		综合零件加工		工作场地		数控车间		
零件材料		45 钢		使用设备和系统		CK6140 FANUC		
工序	名称	工艺要求						
1	下料	—						
2	数控车削	工步	工步内容	刀具号	刀具类型	主轴转速/（r/min）	进给量/（mm/r）	背吃刀量/mm
		1	零件左端加工（装夹工件，毛坯伸出卡盘长度为 55mm）	—	—	—	—	—
		2	粗加工外轮廓	T0101	外圆粗车刀	800	0.2	1.5
		3	精加工外轮廓	T0202	外圆粗车刀	1200	0.1	0.5
		4	中心孔加工	—	—	—	—	—
		5	车右端面，保证长度，加工中心孔	—	—	—	—	—
		6	夹ϕ30 外圆（一夹一顶）	—	—	—	—	—
		7	零件右端加工至 $R30$ 圆弧	T0101	—	800	0.2	1.5
		8	加工 $R30$ 外圆弧（子程序编程）	T0101	外圆粗车刀	800	0.2	1.5
		9	精加工右端	T0202	外圆精车刀	1200	0.1	0.3
		10	切槽 3×1.5	T0303	切槽刀	400	0.1	—
		11	螺纹加工	T0404	螺纹刀	500	—	—
		12	精度检测					
日期			加工者		审核		批准	

二、编写加工程序

训练五零件加工的参考程序如表 7-14 所示。

表 7-14　训练五零件加工的参考程序

段号	程序段	含义
左端加工		
N00	O7501;	程序名
N10	G99　G40;	
N20	T0101;	调用 1 号刀
N30	G00　X60.0　Z3.0　S800　M03　M08;	快速定位，切削液开启，主轴正转，转速 800r/min
N40	G71　U2.0　R1.0;	每刀切深为 2mm，退刀 1mm
N50	G71　P60　Q90　U0.5　W0.15　F0.2;	精加工余量，*X* 向为 0.5mm（直径值），*Z* 向为 0.15mm
N60	G00　X26.0;	
N70	G01　X29.984　Z-1　F0.1;	倒角
N80	Z-15.0;	
N90	X55.0;	
N100	G00　X100　Z100　M09　M05;	退换刀点，主轴停止，切削液关闭
N110	T0202;	换 2 号刀
N120	G00　X60.0　Z3.0　S1200　M03　M08;	主轴正转，转速 1200r/min，切削液开启
N130	G70　P60　Q90;	精加工
N140	G28　X100.0　Z100.0　M05　M09;	回参考点，主轴停止，切削液关闭
N150	M30;	
右端加工		
N00	O7502;	程序名
N10	G99　G40;	
N20	T0101;	调用 1 号刀
N30	G00　X60.0　Z3.0　S800　M03　M08;	快速定位，主轴正转，转速 800r/min，切削液开启
N40	G73　U10.0　R5.0;	总加工余量 10mm，走刀 5 次
N50	G73　P60　Q180　U0.5　W0.15　F0.2;	精加工余量，*X* 向为 0.5mm（直径值），*Z* 向为 0.15mm
N60	G00　X15.0　Z1.0;	
N70	G01　X19.85　Z-1.5　F0.08;	倒角
N80	Z-16.0;	
N90	X19.984;	
N100	Z-25.0;	
N110	X23.984　Z-45.0;	
N120	X27.0;	
N130	X29.974　Z-46.5;	
N140	Z-60.0;	
N150	X47.999;	
N160	G03　X47.999　Z-85.0　R30.0;	

续表

段号	程序段	含义
N170	G01　X55.0;	
N180	G00　X60.0　Z10.0;	
N190	G00　X100.0　Z100.0　M05　M09;	退换刀点，主轴停止，切削液关闭
N200	T0202;	换刀
N210	G00　X60.0　Z3.0　S1200　M03　M08;	转速 1200r/min，切削液开启
N220	G70　P60　Q180;	
N230	G00　X100　Z100　M09　M05;	退换刀点，主轴停止，切削液关闭
N240	M00;	
N250	T0303　S400　M03　M08;	换 3 号刀，主轴正转，切削液开启
N260	G00　X22.0　Z-16.0;	
N270	G01　X17.0　F0.1;	
N280	G04　X1;	暂停 1s
N290	G00　X100;	
N300	Z100.0　M09　M05;	
N310	T0404;	换螺纹刀
N320	G00　X30.0　Z5.0　S500　M03　M08;	螺纹起刀点
N330	G76　P021260　Q100　R100;	
N340	G76　X18.05　Z-17.5　R0　P975　Q200　F1.5;	
N350	G28　X100.0　Z100.0　M05　M09;	
N360	M30;	

三、实训测评

加工完成后，填写数控车削考核评分表如表 7-15 所示。

表 7-15　数控车削考核评分表

工件编号				总得分			
配分比例	项目	序号	技术要求	配分	评分标准	检测记录	得分
工件评分（70%）	外圆	1	$\phi30_{-0.052}^{0}$, $Ra1.6$	6/4	超差 0.01 扣 3 分、降级无分		
		2	$\phi30_{-0.033}^{0}$, $Ra1.6$	6/4	超差 0.01 扣 3 分、降级无分		
		3	$\phi20_{-0.033}^{0}$, $Ra3.2$	6/4	超差 0.01 扣 3 分、降级无分		
	锥度	4	1∶5，$Ra3.2$	4/4	超差、降级无分		
	圆弧	5	$R30$，$Ra3.2$	4/4	超差、降级无分		

续表

配分比例	项目	序号	技术要求	配分	评分标准	检测记录	得分
工件评分（70%）	螺纹	6	M20×1.5-5g/6g 大径	4	超差无分		
		7	M20×1.5-5g/6g 中径	6	超差无分		
		8	M20×1.5-5g/6g，两侧 *Ra*3.2	6	降级无分		
		9	M20×1.5-5g/6g，牙型角	4	不符无分		
	沟槽	10	3×1.5，两侧 *Ra*3.2	2/2	超差、降级无分		
	长度	11	100±0.1，两侧 *Ra*3.2	2/2	超差、降级无分		
		12	27.5	4	超差无分		
		13	20	4	超差无分		
		14	16	4	超差无分		
		15	15	4	超差无分		
		16	9	4	超差无分		
	其他	17	*C*1	2	不符无分		
		18	*C*1.5	2	不符无分		
		19	未注倒角	2	不符无分		
程序与车床操作（30%）	程序	20	程序规范、合理、正确	20	不规范每次扣 2 分		
	操作	21	工件及刀具安装正确，车床操作规范	10	不规范每次扣 3 分		
其他	安全	22	安全文明操作	倒扣	不规范每次扣 3 分		
		23	现场整理				

参 考 文 献

黄丽芬，2007．数控车床编程与操作：广数 GSK980TD 车床数控系统．北京：中国劳动社会保障出版社．
金雪龙，李大卫，郝东升，2014．数控车床加工技术．北京：中国人民大学出版社．
中国第一汽车集团公司工会，于久清，2013．数控车床/加工中心编程方法、技巧与实例．2 版．北京：机械工业出版社．